## 城市·创意·实践

主编　张　彤

URBAN CREATIVITY AND PRACTICE

**研究**　**Research Section**
**实践**　**Practice Section**

中国建筑工业出版社
CHINA ARCHITECTURE&BUILDING PRESS

# 城市·创意·实践
URBAN CREATIVITY AND PRACTICE

**研究**
Research Section

**实践**
Practice   Section

**首都师范大学**
CAPITAL NORMAL UNIVERSITY

# 序

　　城市环境设计是一门艺术与技术为一体的复杂的交叉性学科，涉及艺术与科学两大领域并具有多学科渗透、融合的特点。首都师范大学美术学院的研究生教育经过不断改革与发展，注重以创新方法培养学生的创新设计能力和分析问题、解决问题的综合实践能力，注重对学生想象力、思维逻辑性、艺术表现性、科学技术与艺术的结合，注重学科基础理论和专业技能的结合，使学生具有良好的实验技能和科研创新能力，以符合社会发展和技术进步的要求。

　　城市创意实践是以环境设计学为依托，侧重于城市景观设计、建筑内外空间设计、公共艺术设计等方面研究，主张培养学生创造性的思维方法，建立稳定的校内外研究生创新实践基地，加强设计实践能力与方法的培养，加强实践考核评价，促进实践、课题研究与毕业创作的紧密结合，实现环境设计教育的模块化、系统化的研究模式。此外，充分发挥导师工作室和企业实践基地的优势，让学生在实际项目中互相学习，取长补短，增强理论与实践的联系，通过各种科研项目研究、专题研究、探究式研究等产学结合的模式，努力提高学生的应用能力、学会运用合理而创新的方法去思考问题，解决问题。

　　在教学培养上除了注重实践与理论相结合外，更注重学生的个人发展与职业诉求，按照"优势互补、资源共享、互利共赢、协同创新"的原则，构建人才培养、科学研究、社会服务等多元一体的合作培养模式，加强校企联合，与国内外设计公司和企业等均有密切合作，建立了多个校外实践基地，让学生有更多的实践机会，实现双导师制的培养模式，使学生能接触到更多的实际项目，将校内所学的理论知识运用到实践中，告别传统封闭式的学习研究方法，为社会培养更多优秀的应用型设计人才。此外，环境设计系与英国设计团队有着长期项目合作，双方经常举办学术交流讲座，设计竞赛等活动，以国际化的视野，参与国外优秀设计团队的项目创作，以产、学、研相结合的培养模式，加强与企业、设计机构合作，通过双导师制的联合培养，使环境设计研究更具有应用价值与实践意义。

　　本书是首都师范大学美术学院研究生就城市创意方面进行的阶段性调研与设计实践，内容囊括了城市设计、建筑、景观、公共艺术等方面，设计充分体现了真题真做、实践与理论相结合的教育理念，体现了导师和同学在环境设计教学与实践中所付出的不懈努力，体现了专业教学与项目工程结合的特点，同时也可以从中看到师生们在不断努力探索教育改革的过程。

首都师范大学
美术学院院长　韩振刚

城市·创意·实践

URBAN CREATIVITY
AND PRACTICE

——"移位的建筑"

**城市·创意·实践**

URBAN CREATIVITY
AND PRACTICE

目　　录
CONTENTS

URBAN CREATIVITY AND PRACTICE

研究篇

# 01

城市
创意
建筑

城市·创意·实践

URBAN CREATIVITY AND PRACTICE

CNU

城市
创意
建筑

# Creative   Architecture

# 柯布西耶的白房子

文 / 王学艺

柯布西耶

萨伏伊别墅

现代主义

URBAN CREATIVITY
AND PRACTICE

**摘要:**

柯布西耶在建筑设计的许多方面都是先行者,对现代建筑设计产生了深远影响,他的代表作品萨伏伊别墅作为城市主题与建筑语汇的综合体,被称作"绝对纯粹"的形式激进主义和创新风格的艺术作品,它所具有的新时代的特征也成为摩登建筑运动历史的纪念建筑。萨伏伊别墅这座以蓝天为背景的白色建筑,给人们带来了视觉享受,并永远留在人们心中。

**关键词:**

柯布西耶 萨伏伊别墅 现代主义

## 概述

图 1
柯布西耶

勒·柯布西耶（图 1）是 20 世纪最重要的建筑师之一，被称作现代建筑的"旗手"。他 1887 年出生于瑞士的一个小镇，因父母从事钟表制造，少年时期曾在钟表技术学校学习。柯布西耶从小就喜欢美术，1907 年先后在布达佩斯和巴黎学习建筑。在巴黎，他跟随以运用钢筋混凝土而闻名的建筑师奥古斯特·贝瑞学习，后来又到德国彼得贝伦斯事务所工作。1917 年，柯布西耶定居巴黎，从事绘画与雕刻，与新派立体主义画家和诗人共同编写了《新精神》杂志。在 1907 年至 1912 年期间，柯布西耶完成了对其设计思想影响至深的三次游学旅行，其间他通过绘画、摄影和日记的形式记录自己的收获，也是这些旅行促使了他一生都在追寻古典精神。

1911 年，柯布西耶在书中写道："我在几何中寻找，我疯狂般地寻找着各种色彩以及立方体、球体、圆柱体和金字塔形。棱柱的升高和彼此之间的平衡能够使正午的阳光透过立方体进入建筑表面，可以形成一种独特的韵律。傍晚时分的彩虹也仿佛能够一直延续到清晨。当然，这种效果需要在事先的设计中使光与影充分地融合。我们不再是艺术家，而是深入这个时代的观察者。虽然我们过去的时代也是高贵、美好而富有价值的，但是我们应该一如既往地做到更好，那也是我的信仰。"（图 2）

1915 年，他提出"多米诺"住宅，使用梁、板、柱的框架结构进行建筑设计，摆脱了传统的砖墙结构，使开窗和空间布局都可以随心所欲。这一思想的提出使他在 1923 年《走向新建筑》一书中提出"住房是居住的机器"的观点。柯布西耶否定 19 世纪以来的因循守旧的建筑观点，他提倡"机器主义建筑"，这一观念改变了人们对生活方式和城市面貌的看法。

图 2
柯布西耶的绘画

## 一、"白房子"的诞生

1920 年柯布西耶着眼于"纯棱柱"的中空立方体建筑以及高脚支架和屋顶平台花园研究，此后的设计作品也都践行着几何美学思想。随着研究的深入和实践，他于 1926 年提出了新建筑的五个特点：①底层架空、②屋顶花园、③自由平面、④横向长窗、⑤自由的立面，这五点都是基于建筑采用了框架结构，墙体不再承重。之后建成的萨伏伊别墅完美地演绎了这五个特点，同时成了柯布西耶最为出名的代表作。

萨伏伊别墅（图 3）是一个完美的功能美学作品，它还有一个著名的充满回忆的名字——"明媚的时光"。它坐落于普瓦西，毗邻塞纳河，占地面积为 12 英亩，宅基为矩形，长约 22.5 米，宽为 20 米，共三层。底层三面透空，由支柱架起，内有门厅、车库和仆人用房，是由弧形玻璃窗所包围的开敞结构。二层有起居室、卧室、厨房、餐室、屋顶花园和一个半开敞的休息空间。三层为主卧室和屋顶花园，各层之间以螺旋形的楼梯和折形的坡道相连，建筑室内外都没有装饰线脚，用了一些曲线形墙体以增加变化。

图 3
萨伏伊别墅全景

柯布西耶在形式处理方面是一位尊重自然界的古典主义者，萨伏伊别墅是离开地面悬在空中的白色几何立方体，悬在空中精确的雕塑轮廓强调了人工物体与大自然的互不混淆，他的建筑作品是人为的纯理性的产物。这个与他为印度昌迪加尔做的城市雕塑"张开的手"（图 4）有异曲同工之妙。

柯布西耶在文章中曾经这样介绍萨伏伊别墅："这座别墅是一个空气中的盒子，四周被长长的带形窗所联通，没有打断的地方。毫无疑问，它的空间和体量形成了建筑化的演绎。这个盒子位于旷野中心，俯瞰着果园。"

萨伏伊别墅在设计上与以往的欧洲住宅大异其趣。别墅的外形虽然简单，但内部空间复杂，就像是一个内部精巧镂空的几何体，又好像一架复杂的机器。该建筑采用了钢筋混凝土和玻璃的框架结构，平面和空间布局自由，空间相互穿插，内外彼此贯通，它外观轻巧、空间通透、装修简洁，与造型沉重、空间封闭、装修繁琐的古典建筑形成了强烈对比。

图 4
"张开的手"
印度昌迪加尔标志

### 底层架空

15 个截面为 30 厘米的圆柱体支柱支撑了整个建筑，承担了房屋在地面以上的巨大重量，使建筑一直升入天空，视觉上它不再是与地面紧密联系的砖石建筑。同样，底层架空使建筑底层的区域可以自由流通，解除了墙壁对周围景色观赏的束缚；上层被托起的空间也远离了车流噪声和街市喧哗。这一想法来自于柯布西耶根据年轻时参观修道院获得的宁静生活体验而形成的关于理想生活的原型。

柯布西耶一直继承着古典主义和创新机械美学，将底层架空的萨伏伊别墅和帕特农神庙（图 5）进行比较可以发现，坚实的基座、保持着黄金比例的中部和开放的顶部，萨伏伊别墅可以说是帕特农神庙的视觉变形，但是又有着现代性的简约。二者的共同之处在于比例和秩序之美。"建筑师通过使一些形式有序，实现了一种秩序……他以他创造的协调，在我们心里唤起深刻的共鸣，他给了我们一个被认为跟世界的秩序相一致的秩序和标准，他决定了我们的思想。"

### 屋顶花园

图 5
帕特农神庙

站在草地上没法拥有良好的视野，而且草地上又脏又湿……因此，柯布西耶将花园抬高了 3.5 米，真正的花园在空中不仅干燥舒适，更有利于健康；人们站在屋顶可以俯瞰周围的全部景色，视野远远超越一层花园。花园地面由水泥板组成（图 6），板下铺设砂子，确保雨水及时排走。顶层的花园还设有半封闭的棚架，朝向别墅的一面有可开启的玻璃窗，这一棚架作为空中起居室，遮蔽了地面上的视线，成为别墅的全部空间的终点。

图 6
屋顶花园

屋顶花园的存在弥补了背光面的缺陷，正是由于空中花园的存在，中层空间才可以自由开放。

### 自由平面

柯布西耶强调利用墙体或隔断灵活地分割空间，他认为住户应该可以按自身需要划分自己的居住空间，承重结构与分隔结构完全分离，极大程度地实现了空间划分的灵活性和适应性（图 7）。

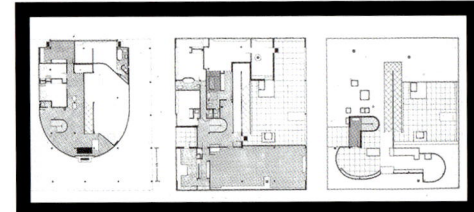

图 7
三层的平面布局

萨伏伊别墅的几何构图也是有古典意味的。与帕拉迪奥的罗汤达别墅（图 8）进行比较，可以看到：矩形平面、底层的 U 形布局和位于建筑南北向中轴线上的坡道可以视为对罗汤达别墅的集中化、中心性和双轴线的隐喻。道格拉斯•格拉夫曾用图解法来分析萨伏伊别墅与文艺复兴时期别墅之关联——把萨伏伊别墅平面从入口南北向切开，以坡道中线为边界将平面的西部分开，将分开的各个部分都向各自的方向推，把 U 形平面还原——萨伏伊别墅的几何构图可以通过变形还原的方式变为文艺复兴时期别墅的几何构图。不仅如此，萨伏伊别墅中建筑与环境的关系同样可以视为传统花园与建筑在空间中的咬合。然而，古典构图的对称性和中心性在萨伏伊别墅中动态的楼梯和坡道所化解，并随着人的运动扩散到屋顶花园与粗犷的田野景色所形成的"维吉尔式的梦境之中"。

图 8
帕拉迪奥的圆顶别墅

### 横向长窗

**DIALOGU** | URBAN CREATIVITY AND PRACTICE

图 9
别墅立面，横向长窗
底层中空有很好的体现

横向长窗则是为了让房间获得充足的光线和室外景观。在《论建筑学与城市主义现状》中，柯布西耶也坦然承认了萨伏伊别墅的"逼迫性古典主义"倾向——"住户来到这里，是因为这里粗犷的田野景色与农村生活相互呼应"，他们可以从条形窗的四个朝向居高临下地观察到整个区域，他们的家庭生活被安插在一个维吉尔式的梦境之中。

### 自由立面

自由立面的提出，使得建筑立面设计摆脱了新古典主义构图原则的束缚，由于框架结构体系的运用，墙不再需要承担结构功能，可以自由布置，空间划分灵活，使得建筑立面和内部功能的配合更加合乎逻辑，也让一位法国商人所言之"从不同角度看都会获得不同印象"得以实现——这样的印象并不是刻意和矫揉造作的，而是别墅内部状况的外部呈现。

建筑立面几乎没有任何多余的装饰，仅用了白色的粉刷墙面（图 9），柯布西耶说白色是新鲜、纯粹、简单和健康的颜色；开敞、明亮的室内也没有多余的装饰物，只有弯木椅和廉价的、在任何地方都尽可能使用的嵌入式家具。柯布西耶使用动态的、开放的、非传统的空间句法，尤其是用螺旋形的楼梯和折形的坡道来组织空间。动态的室内外空间，在传统空间的三维度上增添了人在其中连续位移而产生的时间因素，使建筑空间呈现出更多的变化。

萨伏伊别墅作为"空间——时间"营造的典范，其中蕴涵着丰富的空间效果、视点转变以及对时间性的反映。使用廉价的材料，抛弃多余的装饰，纯粹用建筑自身的元素来塑造丰富的空间，这不仅顺应了当时社会贫困的经济状况，也是早期现代主义建筑重视功能和空间、反对附加装饰的设计思想的反映。然而纯粹的萨伏伊别墅深刻地体现了现代建筑所提倡新的美学原则——建筑形体和内部功能的结合，建筑形象的逻辑，构图的法则，比例和秩序之美……萨伏伊别墅和它的设计思想至今仍激励和影响着无数的建筑师，成为他们设计的源泉，因为它体现了建筑的最本质的特点——一种富有生命力的创造。

萨伏伊别墅只是其中的一个例子而已，他前期的作品大都是白色盒子，他所展示的是多米诺型的建筑，1927 的加歇别墅、1928 年的拉罗歇—让纳雷别墅等，他所设计的无不体现着极强的几何空间构成感，同时也显示了他所追求的功能主义。

## 二、风格的转变

图 10
朗香教堂

　　柯布西耶的一生都与建筑与关，他的许多设计都成为后人模仿学习的对象。柯布西耶的作品可大致分为两个时代——20 世纪 20 年代和 20 世纪 50 年代。作为 20 年代的代表作，萨伏伊别墅是个典型的例子，借助白色箱型，用几何形体去建造具有强大功能性的建筑，反对外加装饰，提倡美应该把功能和建筑结合起来，认为建筑的美在于空间的容量体量在组合构图中的比例和表现。

　　到了 50 年代，国际建筑界探索新的建筑理论和方法的思潮非常活跃，柯布西耶的建筑风格也有所转变。主体引人注目的轻快几何学性格消失了，变成了夸张显示厚重雕塑感的存在。这些作品使人感受到存在于背后的丰富多彩的个人世界，他所追求的新艺术的张力和刺激借助建筑形态表现出来。作为非几何形态的有机建筑，朗香教堂是最著名的代表，它的引人之处又在于它有一个非常复杂的形象结构，这与他之前设计风格大相径庭，朗香教堂（图 10）与萨伏伊别墅的审美是不同的，柯布西耶放弃了往日简洁的风格，在这个设计中，将构成感体现得淋漓尽致。如此小的教堂，四个立面完全不同，那些窗洞也是不怕变化，就怕单一。平面构图上找不出什么规律，立面上也看不出什么章法。如果一定说有规律，那也是太复杂的规律。萨伏伊别墅让人想到古典力学，想到欧几里得几何学，朗香教堂则使人想到近代力学，非欧几何。

## 三、结语

　　勒·柯布西耶作为一位伟大的建筑家，他的影响力是十分深远的，他的思想、他的建筑、他的设计都无不在影响着人们、影响着他之后的建筑师们。作为一名想象力丰富的建筑师，他对理想城市的诠释、对自然环境的领悟以及对传统的强烈信仰和崇敬都相当别具一格。他丰富多变的作品和充满激情的建筑哲学深刻地影响了 20 世纪的城市面貌和当代人的生活方式。

# 天使看得见
## "高迪的巴塞罗那"

文 / 李田

高迪

曲线

回归自然

URBAN CREATIVITY
AND PRACTICE

**摘要：**

高迪在巴塞罗那留下了古埃尔公园、米拉之家、圣家族大教堂、巴特罗公寓、文森之家、古埃尔宫等 18 件不朽的建筑作品。高迪是不折不扣的理想主义者，他融合了自然主义、现代主义、伊斯兰风格等多种元素，将非直线、平面的几何形态与科学的结构相结合，从自然界中汲取灵感，将自然元素应用到装饰上。高迪的作品充满了高度理性中的感性，源于自然、回归自然的设计将巴塞罗那变成一座梦幻之城。

**关键词：**

高迪　曲线　回归自然

Gaudi of

Barcelona

"只有疯子才会试图去描绘世界上不存在的东西！"

巴塞罗那是西班牙第二大城市，加泰罗尼亚自治区的首府，素有"伊比利亚半岛的明珠"之称，是西班牙最著名的旅游胜地和历史文化名城。这里风光旖旎、古迹遍布，是国际建筑界公认的将古代文明和现代文明结合得最完美的城市，古老的建筑与现代高楼大厦、曲折的小巷子与宽阔的大道交融得十分和谐。这里也是艺术家的殿堂，毕加索、米罗、达利、高迪等世界著名的大师的作品在这座城市里面随处可见。说到建筑，那么就不得不提安东尼·高迪（Antoni Gaudí Cornet）这位天才建筑大师，他是这座城市的灵魂所在，他使"伊比利亚半岛的明珠"更加光彩夺目。

安东尼·高迪，西班牙加泰罗尼亚现代主义建筑设计师（图1），1852年出生于小城雷乌斯的一个铁匠家庭，拥有极其优秀的空间结构能力的他在1877年毕业于巴塞罗那建筑学校。他的整个生命中唯一喜欢做的两件事情是：①观察研究大自然；②用建筑重现自然。他坚信一切建筑可以是雕塑，可以是交响乐，可以是画布，可以是诗歌。他痛恨刻板的直线，喜欢用柔和的曲线和缤纷的颜色来表达一切。他的建筑作品中摒弃了笔直的元素，几乎所有的主题都有些角度，可以与曲线或者弧度完美地融为一体。在高迪的建筑中你可以看到天空、云层、山脉、动物、植物的各种造型，在他的眼中似乎没有什么不能用在建筑上。海浪的弧度、海螺的纹路、蜂巢的格致、神话人物的形状，都是他酷爱采用的表达思路。正是这些不同于一般欧陆风格的建筑使巴塞罗那成为一座梦幻之城，当你亲身站在这些建筑里面时会更加深刻地体会到高迪的伟大。

图 2
古埃尔公园

**"创作就是回归自然。"**

1878 年，是高迪人生中最重要的一年，他获得了建筑师的称号的同时认识了欧塞维奥·古埃尔。古埃尔是高迪的伯乐也是挚友，他欣赏高迪的思想并给予高迪财力支持，使高迪可以充分自由地表现自我而不必担忧没有财力支撑。在高迪为他设计巴塞罗那郊区的工人村之后，1900 年古埃尔又委托高迪设计了世界建筑艺术作品里面的童话世界——古埃尔公园（图 2）。

古埃尔公园位于巴塞罗那市北，最初是要建设一个高级住宅区，虽然当时由于选址的问题导致并没有被认同，规划好的住宅也只是建了两栋，但是这里真的是一个处处给人惊喜的童话世界。高迪的设计风格在古埃尔公园里面展现得淋漓尽致，将大自然与建筑有机融合起来。

图 3
古埃尔公园的自动扶梯

人们要进入公园首先要使用两部大型自动扶梯（图 3），然后再步行一段山路才能来到公园的门口。公园围墙的下半部分由碎石砌筑，上半部分向外挑出并贴上光滑的马赛克饰面，既美观又能阻止外人进入，围墙上每隔 8 米有一个用彩色马赛克拼出"古埃尔公园"的圆形装饰，艺术与功能巧妙地结合在一起。公园的入口有一条古典风格的轴线，两侧是警卫室与接待室（图 4），这两栋建筑是由当地碎石堆砌的墙、白棕蓝绿橘红等颜色的马赛克拼贴、传统加泰罗尼亚砖砌穹顶和 10 米高的装饰性塔组成，醒目的颜色就像两个巨大的糖果盒子。

图 4
入口小房子

图 5
柱廊大厅

图 6
长椅

图 7
双层廊道

进入公园之后,沿着这条轴线设计有大台阶、水池、喷泉以及变色龙和五颜六色大蜥蜴将人们的焦点引导至一座86根陶立克柱支撑的大厅(原设计为商业广场,图5),中空型的立柱除了支撑屋顶还有泄洪功能。大厅的屋顶就是著名的圆形大广场,而屋顶边缘就是世界上最长的座椅。这条座椅的形态犹如一条长蛇一般盘桓于此,椅子的高度、弧度以及起伏的距离都将人性化完美地体现了出来,椅身和靠背上彩色的瓷砖拼贴更使人有了丰富的视觉感受(图6)。根据中心广场周围高低错落的地形,高迪在公园设计了特色鲜明的立体廊道体系(图7)。这些廊道都是如同自然洞穴一样的高廊架,作为支撑的柱子没有垂直于地面的,都是斜石柱。这些廊道有单跨也有双跨的,部分廊道是双层的,廊下是路,廊上也是路。由于使用了当地的粗糙石料稍加处理即砌筑,使得石柱原汁原味地与地形自然融合,结构从地面拔起就像树干一样,完全维护了周围的环境。

古埃尔公园是一个开放式的空间,高迪将大自然与建筑、雕塑、广场、公共设施成功地融合在一起,道路、流水、围墙、长椅、廊道都蜿蜒曲折,在彩色马赛克和瓷砖拼贴之下就像流动的水一样反射着五颜六色的世界,构成了诗一般的意境。即使高迪只有这一件设计作品也足够他名垂千古了。

"直线属于人类,而曲线归于上帝。"

米拉之家是高迪献身于圣家族大教堂之前最后的建筑作品,这也是巴塞罗那最著名的和最令人印象深刻的建筑。米拉之家位于格拉西亚大道的转角,地面以上共6层,原为公寓楼,经高迪设计改造之后与周围建筑完全不同的样式让它特别醒目(图8)。白色石材砌成波浪形的墙体,铁板和扭曲回转的铁片构成的阳台栏杆,宽敞的窗户,高低起伏的楼顶,巨大神秘的楼梯口、通风口造型和卫兵状的烟囱让人感觉匪夷所思。整个建筑从外面看起来像一块被海水侵蚀又被风化开洞的巨大岩石,而阳台栏杆又像挂在岩石上一簇簇的杂草。所以,米拉之家也被称为"La Pedrera",意为采石场的房子。

米拉之家本身就是由两栋房屋组成的,它只有外立面、底层和屋顶相连,它的建筑重量完全由柱子来承受,建筑没有承重墙,内部的空间可以随意改建。米拉之家的

图 8
米拉之家

平面没有直线，墙面也是曲折弯曲，设计有两个中庭，因此每一户都可以双面采光，中庭和外面街道都可以进光。房间室内墙壁之间、天花与墙壁的转角用的都是圆角，墙面装饰也都是曲线形态，天花上有丰富彩绘和色彩斑斓的马赛克，而门框、窗框的形态也都采用的各种根据房间功能响应的非直线装饰性图案（图9），整个空间充满了动感。室内的很多家具、装饰性物品都是高迪亲自设计的，如房门、地板、地砖、器具等，个性十足。

图9
门窗装饰

米拉之家顶层（阁楼层）的设计与下面几层是不一样的，这里仿照蛇的骨架来设计阁楼结构形态，以前这里用来晾晒衣服和储藏用，现在陈列着高迪的设计手稿、模型等物品。

整个建筑并没有中央空调，但是高迪设计了一个天然的通风系统，通过屋顶的烟囱和通风口进行空气循环。米拉之家的屋顶无疑是整个建筑的亮点所在，楼梯口、通风口和烟囱被高迪设计成各种奇异的造型，神秘而又艺术，这种可以让人无限联想的空间实在是吸引力十足（图10）。

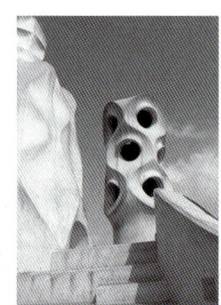

图10
米拉之家屋顶

米拉之家的设计和材料使用即便放在今天来看也都十分前卫并且实用，虽然没有被米拉夫妇认可，但是高迪自己却认为这是他建造的最好的房子，"用自然主义手法在建筑上体现浪漫主义和反传统精神最有说服力的作品"。

"我的客户不着急。"

图11
圣家族大教堂 1

在古埃尔公园俯瞰巴塞罗那全景时会看到几个高耸的塔尖和一些建筑机械，那里就是与高迪生命密不可分的建筑作品——圣家族大教堂（图11、图12）。从1883年

图 12
巴塞罗那大教堂？

图 13
诞生之门

图 14
门

开始高迪设计圣家族大教堂，但是到 1926 年去世时设计依然没有全部完成，这是高迪一生中最主要、最伟大的作品，是其毕生荣誉的象征。

世界上有很多有名的大教堂，但是没有一个可以像圣家族大教堂一样，在你离开无数年之后一提起来马上就能想起它的样子，这是独一无二的教堂。高迪是一个虔诚的基督教徒，他在设计中以高度的宗教热情，将自己从自然、动物、植物中获得的灵感应用到教堂的设计中。作为一个主教规模的教堂，圣家族大教堂内部结构为拉丁十字架式，内有 5 条走廊、3 个结构装饰不同的大门、18 座高耸的尖塔、1 条贯穿前厅的矩形回廊。18 座高塔分别代表了耶稣的 12 信徒、4 位福音传道者、圣母玛利亚和中央最高的一座尖塔代表了耶稣本人。塔顶是奇怪的尖叶式，塔身布满百叶窗，看起来像镂空的锥子。教堂主要分为东、西、南三个立面，每一面都有一个宏伟的正门，布满了精美独特的雕刻，十字架上的耶稣、圣经故事的雕塑，都具有强烈的视觉冲击。东面是"诞生之门"、西面是"复活之门"、南面是"荣耀之门"，每个门上方有 4 座尖塔，这就是 12 信徒的尖塔。"诞生之门"是由高迪亲自主持并竣工的，上面雕刻了栩栩如生的人物、动物、植物，细节丰富，故事完整，即使你不是基督徒也会被那奇异、怪诞的雕塑所征服（图 13）。另外两个立面的风格比较简洁，据说是因为高迪怕继任建筑师无法像他那么细致耐心故意为之（图 14）。

图 15
彩色玻璃

图 16
支撑柱子

进入教堂完全是另一片天地，95 米 ×60 米的大厅可以容纳上万名信徒，高耸的穹顶震撼人心。教堂的室内设计以植物、动物、山脉、海洋、洞穴为灵感，让信徒们感觉到"林荫大道上的阳光"。高达 60 米的中央穹顶上留有透光孔，侧面墙上都是彩色玻璃（图 15）的窗户，配合室内的人工灯光共同形成的光效增强了圣家族大教堂的感染力与庄严感。教堂中的柱子（图 16）是高迪最具特色的设计，每一根柱子都是一棵大树的主干，中段分叉出几根枝干，顶端由这几根枝干再分出一些更细的枝干来支撑穹顶，而穹顶也设计为植物的形态，就像树叶、花朵，使人犹如漫步在参天巨树之下、林荫大道之中（图 17）。这些柱子表面纹理变化非常丰富，最典型的是基础为方形的柱子随着高度的升高变成六边形、八边形、圆形，这是高迪在圣家族大教堂内部设计中以螺旋形、锥形、曲线等形态组合成不同的曲面的代表。

高迪在世时圣家族大教堂只完成了不到五分之一的进度，而现在这座修建了 133 年的大教堂终于将在 2026 年竣工，那是高迪逝世 100 周年的日子。

图 17
教堂内部

"天使看得见。"

曾经在巴塞罗那旅游宣传册上有这么一句话："巴塞罗那即是高迪，高迪就是巴塞罗那"。高迪在巴塞罗那留下的不仅仅是古埃尔公园、米拉之家、圣家族大教堂，还有巴特罗公寓、文森之家、古埃尔宫等 18 件不朽的建筑作品。高迪是不折不扣的理想主义者，他融合了自然主义、现代主义、伊斯兰风格等多种元素，将非直线、平面的几何形态与科学的结构相结合，从自然界中汲取灵感，将自然元素应用到装饰上。高迪的作品充满了高度理性中的感性，源于自然、回归自然的设计将巴塞罗那变成一座梦幻之城。当有人问高迪既然人们几乎看不清圣家族大教堂的塔顶，为什么还要用真人和动物来做雕像模特，高迪回答："天使看得见"，其实所有人都看得见。

# 扭曲的建筑

文 / 刘晓敬

扭曲

建筑

城市创意

URBAN CREATIVITY
AND PRACTICE

**摘要：**

在众多的城市建筑中，独有那些个性的建筑最能吸引我们的眼球，抓住我们充满疑问的好奇心。这类个性建筑可以通过多种建筑设计表现手法来建造，有的是通过建筑的色彩去塑造，有的是通过建筑的材料去缔造，有的则是通过夸张的造型去表现。但无论通过何种艺术处理手法来表现建筑形式，都是对建筑的一种解读和体现。在众多的表现形式中，后现代建筑中"扭曲"的艺术形式在体现城市创意方面显示了独特的艺术功能。本文主要目的是通过实例分析"扭曲建筑"的艺术特征，总结概括这种艺术手法对城市创意的启示和借鉴意义。

**关键词：**

扭曲　建筑　城市创意

Twisted

Architecture

城市如同一个巨大的建筑艺术博物馆，它收纳了各式各样的建筑，这些建筑作为城市形成和发展的表现形式，从不同的角度显现了城市独到的艺术魅力。城市中的每幢建筑都是在历史性、地域性和文化性等多种因素的共同影响下而诞生的，没有凭空而出的孤立建筑，每座建筑都是城市历史篇章的衔接与续写，都有其深刻的背景和内涵。穿梭于城市的大街小巷，我们可以观摩到姿态万千的建筑，正是这些形态各异的建筑通过它们的艺术语言（建筑形式）向我们展现了城市的特色。无论从纵向空间还是横向空间来看，这些建筑都将作为城市的象征性雕塑来感染我们，后现代建筑中"扭曲"的建筑形式为城市增添了奇趣的创意色彩。

## 一、后现代建筑中"扭曲"的艺术形式

后现代主义是文化历史分期，是一种顺应了历史发展潮流而出现的新思潮，虽然这种思潮没有持续很久，在 20 世纪 80 年代后期逐渐没落，但它的产生与发展对社会各方面都产生了重大影响。它涉及了众多领域，建筑就是其中一个重要门类，从世界各地现有的许多建筑中我们可以看到受后现代主义影响而建造的建筑。这些后现代建筑用不同的艺术形式和美学特征向我们展示了奇特瑰丽、变幻多姿的建筑艺术。

### （一）"扭曲"在后现代建筑中的运用

#### 1. "扭曲"手法产生的背景

后现代建筑思潮是对现代建筑的冷漠、理性、缺少人文关怀等方面所进行的批判。通过折中的手法、夸张的形式、多元性的艺术造型表现对人文关怀的艺术理念，通过运用自己的建筑语言向人们传达自己独特、复杂的情感。

在后现代主义建筑中，设计师们运用"对话"的艺术手段，为建筑空间及环境赋

予个性和人性，这种"对话"艺术手段的运用，是基于建筑的基本要素风格问题上展开的。风格代表了时代，记录了历史的发展和演变，是建筑视觉经验的中心，即建筑的形式美。正是基于风格问题上的考虑，"扭曲"的艺术手段才被运用到建筑的改革中。

2. 扭曲的新意和必要性

扭曲，本身是贬义色彩的化身。但是，在后现代建筑中诞生的"扭曲的建筑"，又赋予"扭曲"一词新的内涵，通过姿态形式的变形，使建筑焕发出新的活力，以新的形式展现在我们面前，形成了一种新的建筑艺术形式——"扭曲的建筑"。"扭曲"的艺术造型手法并不是狭义的指将事物本身做一个变形或者弯曲，在这里所说的"扭曲的建筑"可以通过多种艺术方式，如不合逻辑的排列、打破常规的形制等多种方式来达到一种混淆视觉感受的"扭曲"。

现代主义风格的建筑推崇简单化和程式化，压抑了对建筑新形式的探索与发展，阻碍了建筑的新发展和多样化。因此，"扭曲"的艺术手法对于探索建筑界新的可能形式来说是十分有必要的。

（二）"扭曲建筑"的艺术特色

"扭曲建筑"给我们带来视觉上的差异感，仿佛在视觉上跟我们开了一个玩笑。它的出现正是在"扭曲"与"平直"的对话下出现的新的建筑形式，它是对现代建筑中一元化、理性化、几何化等思想的挑战。有人说它是荒诞的，是扭曲的，是不合逻辑的，但正是因为这样才使得它呈现出建筑本该具有的活力与张力。

1. 不完整的个性美

后现代建筑家艾森曼提到："建筑必须有功能，但并不要看起来好像有功能。建筑必须直立，但不必看起来像是直立着。当建筑看起来不像直立着，不像有功能时，那么，它就以不同的方式矗立起来，或者显示出独特的功能。"这句话具有深刻的哲学内涵，即我们要认识到建筑中的不完整性和完整性的并存，我们要做的就

图 1
"里普利信不信由你"
博物馆

是寻找介于它们之间的平衡点，不仅仅通过外形达到平衡的要求，更要通过寻找内在的平衡点来实现美的平衡。

位于美国密苏里州布兰森市的"里普利信不信由你"博物馆建于 1998 年（图 1），它的外形故意模仿楼身遭遇地震后发生断裂的样子，目的是为了纪念发生在 1812 年的一次大地震。这栋 3 层高的粉色建筑外墙一条条碗口粗的裂缝清晰可见，白色的墙柱七歪八扭；大门中央位置从顶楼往下甚至被劈开了两半，一个巨大的地球仪摇摇欲坠地嵌在裂缝中，仿佛随时要砸下来。这个建筑的艺术表现手法和著名的雕塑作品"断臂的维纳斯"具有异曲同工之妙，建筑虽然残缺破裂，但恰恰是这种不完整的造型更好地迎合了博物馆的主题性，使建筑在形体的不完整中寻求到立意的完整性，达到一种内在的平衡，彰显了建筑独到的个性美。这也正体现了建筑通过寻找内在的平衡点来实现美的平衡，在不完整中体现出个性美。

2. 无秩序的大众美

不是只有按秩序合规律的事物形式才称之为美。打破常规、无秩序的建筑也能创造出大众美。

图 2
底朝天倒着盖的博物馆

位于美国佛罗里达州的"底朝天倒着盖的博物馆"（图 2），远远望去，整个欧式建筑看上去像是底朝天倒了个个儿，屋顶在下，地基在上，歪倒在另一栋低矮建筑物上，门前几棵棕榈树是倒着长的，连大门的招牌字 Wonder Works（奇迹工作楼）也是倒着写的，为了营造摇摇欲坠的效果，房子还会发出吱吱哑哑仿佛老旧木门开合断裂的声音。

这种形式的建筑打破了我们传统的思维模式，我们看到的不是完美，而是一种真实，感受到的是生命力的存在。当它出现在我们面前时，我们充满好奇和疑问，从心底并不否定和排斥它，而是在我们的好奇心的引导下去欣赏它，赞美它。因为，它通过一种新的秩序组合，向我们展现了一种无秩序的大众美。

3. 不合逻辑的形态美

　　印象中我们所见到的建筑都是以直立或规矩的形式存在于我们的现实生活，当一个扭曲的建筑出现在我们面前时，会令我们难以置信。

　　建于 2004 年，位于波兰索波特市的"扭曲的房子"（图 3），它的楼身呈扭曲的褶皱形，就像一栋喝醉酒后醉态可掬的卡通房子。这栋房子之所以会这样扭来扭去，主要是因为建筑设计者参照了杰·马辛·赛瑟及皮尔·达赫尔博格这两名画家的画作，在画作的启发下尽情发挥创意而成。

图 3
扭曲的房子

　　这个建筑给我们另一种视觉体验和感受，我们固有的思维模式会告诉我们，这完全不合逻辑存在的建筑不可能会出现在我们的城市中。这样一个形态展现出非对称美的艺术，带给人以无边的遐想，比传统的几何形、模式化的造型更能绽放无限的艺术魅力，在有限的空间中散发浓浓的艺术气息。这种形态动中有静，静中有动，通过动静结合将唯美的艺术形态最大化进而呈现在我们面前。

（三）"扭曲建筑"的表现形式

1. 造型的手法

　　建筑设计的造型是建筑内外部空间的表现形式，是能被人们直接感觉的物化形态，要想打造出类拔萃的建筑造型，需要运用创新的、打破传统的造型技巧。扭曲建筑的出现正体现了这一设计思维，借助造型手法的变化达到推陈出新的目的。

　　例如，位于捷克共和国布拉格闹区的"跳舞的房子"（图 4），是荷兰国民人寿保险公司大楼的绰号，该大楼就像一对跳舞的夫妇，其最初的名字是阿斯泰尔－罗杰斯大楼，还有人将其称为醉鬼大楼，这座倾斜的大楼现在已经成为布拉格现代建筑的重点。

　　位于加拿大东南部城市密西索加的"绝对大厦"（图 5），因其蜿蜒妖娆的外形被人们比作性感女神。当地人觉得大厦的外形很像美国著名影星玛丽莲·梦露的身材，因此也称其为"玛丽莲·梦露大厦"。这座住宅大厦分为 A、B 两个塔楼。A 塔楼 56

图 5
绝对大厦

图 4
跳舞的房子

层高约 170 米，B 塔楼 50 层高约 150 米，整个建筑在不同高度进行不同角度的逆转，因而在外观上看上去有些"七扭八歪"。

随着建筑设计不断地发展与革新，像这种有着"扭曲"身姿的建筑屡见不鲜，他们以造型取胜。建筑师们通过活跃的思维、夸张的造型，把艺术与科学紧密结合，让看似不可能存在的建筑结构形态屹立在我们面前，在与传统的对话之中开拓更为广阔的建筑发展道路。

图 6
扭曲的建筑
——布里科总部大楼

2. 绘画的手法

通过绘画的手法创造出"扭曲的建筑"也能给人以出乎意料的视觉艳遇。位于巴黎香榭丽舍大街旁的"扭曲的建筑"成为整个城市的焦点( 图 6 )，它是布里科集团( Bleecker Group ) 总部的大楼。它那天马行空的衣装，远远望去，仿佛即将融化掉的冰淇淋，扭曲的建筑结构和线条将人们陷入视觉的困惑之中。从表面望去，我们本以为这是将建筑的造型进行扭曲后形成的建筑形态，但其实这个建筑的墙面和窗户是平面绘制的，只有部分建筑装饰细节采用了立体造型，也就是说这个大楼是画出来的大楼。

这是通过绘画打造出的"半立体画"的表现方式，借用了人眼的视觉经验，使整个建筑变为一个巨大的装置艺术，从平面走向了立体的效果。这是一种独特的"扭曲"表现手法，是一种创新的艺术表现力，为建筑设计提供了各种实现的形式和渠道。

二、"扭曲的建筑"艺术形式对城市创意的启示

城市和建筑之间有着千丝万缕的关系,城市不能脱离建筑而存在,建筑是城市的重要组成部分。我们的城市需要不断发展才能追随时代的步伐,我们作为城市的建造者,需要为其增添新的活力,展现新的精神面貌,这就要求我们从城市的主要组成部分城市建筑着手,用我们的创新思维、崭新的理念打造更具创意的城市空间。

城市创意可以通过多种艺术手法来实现,但最基本的一条就是要拥有敢于迎接挑战与力求创新的设计思维。对"扭曲"建筑的解读,不是片面地要求我们极力推崇这种建筑形态,或者倾注于建造更多的这种奇异扭曲的建筑,而是透过它们表面的建筑形态去探究它们内在的艺术内涵。它们的问世,不是随意而为的,它们代表了一种全新的设计思维,从它们夸张"扭曲"的艺术形式中,我们可以强烈地感受到艺术家们对于传统的挑战和勇于突破的气魄,他们那种创新的精神理念是难能可贵的,是我们所要借鉴与学习的地方。

因此,在城市创意中,我们要用创新性思维指引我们,依托科技手段,借助多种技术不断推进我们的建筑设计,为城市注入新意,让城市释放活力,使城市更具张力。

DIALOGU ｜ URBAN CREATIVITY AND PRACTICE

# 人水共生
## 荷兰"水上住宅"

文 / 汪维国

人水共生

因势导利

水上住宅

水涨屋高

URBAN CREATIVITY
AND PRACTICE

**40**

**摘要：**

自18世纪中叶工业革命以来，人类的科学技术水平进展飞快，人们的生活水平、医疗条件都较历史上任何一个时期要高得多，但随之也带来了一些环境上的负担。特别是近些年由于工业的快速发展以及汽车的普及化，人们向大气中排放的二氧化碳等强吸热性气体急剧增加，加之森林的大量砍伐，这使得大气的温室效应也难以避免的增强，这将导致全球变暖，水位逐年上升。而对于这个问题，全国有四分之一以上都低于海平面的荷兰有着其独特的解决方法：为了面对越来越高的海平面，设计师充满创意地提出了"漂浮屋"(floating house) 或"两栖屋"（Amphibious Houses）的概念（以下统称"水上住宅"）。通过这个办法，即使水患到来，这些房屋也不会被冲毁，能够漂浮于水面之上。 本文通过对荷兰阿姆施特丹的"水上住宅"的背景概况、理论演变、设计方式与目的以及它对人居环境设计的深远影响进行浅析。

**关键词：**人水共生　因势导利　水上住宅　水涨屋高

Water Dwelling House

in Holland

图 1
荷兰水患

## 一、荷兰现状与"水上住宅"

### （一）荷兰（The Kingdom of Netherlands）

荷兰又称尼德兰王国，位于欧洲西偏北部，荷兰全国大概有四分之一的面积低于海平面，三分之一的国土只比海面高一米，以至于饱受水患 (图 1)，是世界有名的"低地之国"（低洼之国）。几个世纪以来，荷兰曾多次围海造地，还利用海岸沙丘建起防潮屏障。如今荷兰国土的 18% 是人工填海造出来的。在荷兰，风车最初主要用于排水，其"风车之国"也由此而来。同时，随着温室效应加剧，全球变暖。荷兰已经决定在今后 20 年里每年为紧急防水工程投入 10 亿欧元资金，另外每年还会花 5 亿美元维护现有的海堤与河堤。可以说，荷兰人一直在与水做斗争。

### （二）"漂浮屋"（Floating House）

图 2
漂浮屋

这种建立在水面上的"漂浮屋"(Floating House)(图 2)或者"两栖屋"（Amphibious Houses）都可以称为"水上住宅"。它们形式多种多样，通常都是最底层与部分水面融合，底座借助特殊的桩基或钢柱固定，当洪水来临之际，其底座由于其材料的特殊性可以浮起来并同时可以通过其桩基或钢柱随着水面的起伏而动且不会有任何损伤，实现真正意义上的水涨屋高——从某个角度来看，我们可以把它理解为一艘大船。其实，对于四分之一国土面积位于海平面以下的荷兰来说，这并不是什么新概念。荷兰在 2001 年就有人开始提这一概念。特别是最近几年，荷兰政府更是加大力度推广漂浮屋，并且在 2008 年的一个会议上，荷兰住宅空间计划及环境部方面宣称，应该提供更多"居住在水上"的空间。并且该部门也已经规划了要在 15 个洪水区建造漂浮屋。

## 二、理论演变

### （一）荷兰对抗水患传统方法

由于荷兰的特殊地理条件，荷兰人通常习惯于通过抽干河水，建造堤坝用于抵挡水患及换取国土，这样的区域全国大概有 3500 块。可以说，它是建立在湿地上的国家也不为过。未来由于近年来的温室效应的加强，水平面上升的速度加快，荷兰人更是修建了 20 世纪最大的防潮工程——建于荷兰西南部的韦斯特思尔德的新水道口上三角洲工程。举世闻名的马仕朗大坝（图 2) 便是它的最后一部分，效果显著。但其约 9 亿美元的工程总投资亦令人咋舌。世界多个国家都争相学习他们的排水造地的模式，但随着人们理念的不断发展，荷兰人自身却希望能摆脱这种模式。他们逐渐认识到：与其和现在固有的、短时间内难以改变的水环境作斗争，不如与水和谐共处。正如治水，堵不如疏——因为堤坝一旦失效，后果将不堪设想。

图 3
马仕朗大坝

### （二）"水上住宅"的形式

提到"水上住宅"，则必须了解它的前身——"船屋 (House Boat)"（图 4）。在 20 世纪初，荷兰由于人口大量涌入城市造成住房需求急剧增加。许多买不起房的人便在运河的船上居住，随着时间慢慢发展，便有了船屋。到现在，仅阿姆斯特丹就有大约 6 万栋船屋，船屋已经是荷兰的一大特色。但荷兰建筑设计公司 Water Studio 创始人、设计师肯恩·欧道斯（Koen Olthuis）（图 5) 认为荷兰传统的船屋既不够美观，居住品质也不尽人意。而位于陆地的市中心的房子虽然够美观，但对于水患的抵御能力不足，为此，他结合两者的优点，采用创新性的房屋支撑结构，开创性地提出了"漂浮屋"的设计概念并使之成为现实。值得强调的是，肯恩·欧道斯（Koen Olthuis）认为现代的"漂浮屋"与传统"船屋"最大不同之处在于后者在核心观念上首先是一个交通工具，而前者从设计之处便是以住宅为设计基准。这样无疑更能够满足人们的居住舒适度与带给住户设计上的美感享受。

图 4
荷兰船屋

### （三）"Koen Olthuis"与 New Water in the Netherlands（新水项目）

图 5
肯恩　欧道斯

图 7
斯塔格格岛

Koen Olthuis 与他的建筑设计公司 Water Studio 设计了一幢漂浮在水面上的豪华公寓楼，称为荷兰的"城堡"（图 6），它是新水（New Water in the Netherlands）项目的一部分，也是世界上第一个浮动的公寓。这个项目将建立在一片低于海平面的洼地之上，那个地方一旦暴雨沉积就会洪水泛滥。要知道，在荷兰共有大约 3500 处类似的地方，几乎都需要不断抽干积水，以免附近的筑物遭到洪水灾害。而"新水"项目却恰恰需要让这片低洼地将水积满，只有这样，所有的建筑物才能浮在水面上。尽管世界上其他地方也建有许多浮动住宅。据悉，"城堡"设计中包含有 60 套豪华公寓、一个停车场，还有一条可供进出大楼及游船码头的水上浮动道路——所有这些，都将建造在一个由重型混凝土沉井承担的浮动地基上，同时，这个水上公寓的每个单位楼房都配有独立的花园阳台并且还留有更多的开阔水面。

在荷兰，水上住宅发展到现在，当然不会仅仅只有设计师肯恩·欧道斯在做水上住宅项目。荷兰建筑事务所 Marlies Rhomer 在 2011 年也完成了一个项目"斯塔格岛"（图 7），其意为"码头上的小岛"。这是一个居住密度很大的住宅社区，它漂浮在 IJburg 河上，位于阿姆斯特丹东部。这个项目包含 43 套住房，它们像船一样停在码头上，从左至右占地约 4 个码头，每套房子有 3 层楼，并带有一个大阳台，面积达 160 平方米。建筑师有意将住宅建在一系列码头上，并朝向各个不同角度的景色。同时，居住者可根据需要在漂浮的住宅上加建花房、漂浮的阳台和凉棚等。

图 6
New Water in the Netherlands 水上
公寓

## 三、设计方式与目的

（一）与水环境相融合，资源广阔

"水上住宅"不需要像一般陆地住宅那样花费高昂的代价去平整土地，开挖地基。并且在建筑大体结构上仅仅只比陆地建筑多了水底基座支撑——其预埋在水底的基座底部是先把一块块形状规则的聚苯乙烯泡沫整齐地平铺成一个平面，然后把混凝土灌注到泡沫缝隙中，再由钢柱支撑，若水位上升到一定程度，房屋将会漂离钢柱"水涨屋高"，且由于固定桩基的存在而不会移动到别处。这样，它对于环境的破坏性无疑是远低于要大兴土木的陆上建筑。同时，由于地球上大约有 70.89% 的水面积，"水上住宅"的理念若能广泛应用，必将能缓解日益紧张的陆地住房情况。

（二）节能减排

位于荷兰鹿特丹的 Rijnhaven 港口的漂浮展厅，有许多能够达到节能减排目的的新技术与新材料的应用。它能够相对容易地将水作为能量的来源。例如：在房屋采暖和制热方面，它充分利用水的物理特性，采用水层储能方式——在夏天需要制冷时，房屋的余热将被温度低的水层吸走。在冬天则可以从下面的水层抽取热量补充房屋。除此之外，其大量应用聚苯乙烯泡沫（EPS）作为保温材料也能在一定程度上帮助漂浮屋实现低碳理念。除此之外，漂浮展亭承建商 Dura Vermeer 公司还设计了一种"水上住宅"独有的发电模式：利用房屋随着水面上下浮动所产生的能量进行发电。不过，由于目前荷兰大部分的漂浮屋平时一般固定不动，只有在水面上升 2 米以上才会漂浮起来。因此，目前通过上下浮动产生能量发的电很有限。但这也算是一个新的思路的开创。

（三）"水上住宅"的发展趋势

"漂浮屋"的出现使得人们能够居住在都市水域。荷兰设计师肯恩·欧道斯作为"漂浮屋"设计概念的提出者与倡导者，他对这个设计概念的理解有其独到之处。他认为，"漂浮屋"概念不应该仅仅只是单一建筑物，而是在于它创造能够漂浮的社区。他借鉴乐高积木的概念，让各个"漂浮屋"互相之间连接扣合从而形成社区。如此，在水患来临时，整个社区就能一起安全地漂浮在水面上。这种水上社区的概念为建筑开启崭新面向。相对于陆地上的常规建筑，它更具有自由性与移动性，这个概念的出现使得建筑不再需要依附与固定的外在环境。

## 四、"水上住宅"对人居环境设计的深远影响

（一）新的人居环境

就目前来说，无论是从功能还是形式的角度去看，"水上住宅"都可以说是成功的设计，并且具有很大的发展前景。在解决了水患问题的同时，它还为人们提供了一种新的生活起居环境。随着社会经济的快速发展及城市居民生活质量的不断提高，人们对居住环境的要求也越来越高，常规的建筑已不能满足现代人的需求。为了适应社会的发展，为了满足人们对自然亲近的渴望，为了开创健康、舒服、轻松的家居环境。可以说，它不仅仅只是一个能够漂浮于水面上的房屋。它还是未来人们居住生活的一种新潮流。

（二）新的社区建设理念

具有极高自由度的"水上住宅"对于未来的社区建设设计是一个良好的启发，居住者本身就兼有设计师的身份，房屋之间的位置可以随意改变，甚至房屋本身的形式也可以借由其"积木式"设计而做出各种变化。同时，它本身与大自然相和谐共处的特征也会使居住者乐在其中。

## 五、结语

水上住宅是在环境气候变迁的趋势下产生的，对于四分之一国土面积位于海平面以下的荷兰来说，"人水共生"已成为全国各地风行的理念与模式。人们的生活开始与水息息相关。以现今的智慧与科技设法提出解决之道，学习与水共存，反映了他们对全球气候变化的新想法。目前，世界上有 80% 的大型城市是在海边或者靠近大型河川。"水上住宅"的设计，或者说"水上社区"甚至"漂浮城市"，这都给未来提供了新的发展机遇。随着这个理念的发展与成熟，随着新材料与新技术的发展，在这个大部分都是水的星球上，它们必将普及化。基于对水的尊重，在这个"人水共生"的大环境中，我们有更多的机会去接触水——水上生活就是陆上生活的延续。也许，从源头来探索，人与大自然如何才能和谐共处，才是让人类能够继续在地球得以继续生存的动力，而不是一味地去相互对抗。

# LOFT
## "旧工厂里的新创意"

文 / 吴晶晶

LOFT

创意

旧厂房改造

798 艺术区

URBAN CREATIVITY
AND PRACTICE

**摘要：**

城市中的创意推动着城市的复兴与重生，重新塑造城市的形象，使其再获生机。伴随着再生必定有毁灭——经济的转型、产业结构的调整、一大批曾在工业时代辉煌的工厂都画上了句点，它们的命运变得艰难。然而经过历史的见证，对于这些代表着城市肌理与历史，承载着城市记忆的建筑们，完全推倒重建的这种盲目做法是完全不可取的。LOFT 的出现，使曾经衰败的工业区得到了复苏，并完全是一种绿色的、循环的方法。LOFT 这种对于城市功能空间的创新非常值得学习与探讨。因此，本文通过扼要介绍 LOFT 的产生与发展、LOFT 的空间分析以及设计原则，并以北京 798 艺术区的 LOFT 设计作实例分析，来看 LOFT 所带给我们的创意。

**关键词：** LOFT　创意　旧厂房改造　798 艺术区

Transformation of
Old Factory

**图1**
米兰旧工厂住宅改造

## 一、LOFT 文化的产生与发展

### （一）定义

LOFT 一词直译为仓库、阁楼，《简明不列颠百科全书》对于 LOFT 的解释是：房屋的上部空间或工、商业建筑内无隔断的大空间。而如今这个词最初的含义已经不能完全解释它。在 20 世纪后期，随着工业社会向后工业社会的转变，产业结构的调整，最初用于工业用途所建造的它们，并没有随着社会的变革而被淘汰、被摧毁，而是被重新赋予了生命，它们开始被用于居住、办公、展览、商业等其他的用途，从而形成了一种建筑再利用的模式。LOFT 所倡导的是一种自由、灵活、真实的生活方式，高大开敞的空间、自由的平面、具有模糊性的空间分割是其基本的空间特点。图 1 就是一个典型的 LOFT 空间，高大开敞的空间，模糊的边界，同时满足办公与居住的功能，无不透着一种自由、简约和开放的感觉。

### （二）产生与发展

真正意义上的 LOFT 最早起源应该是在美国纽约的苏荷区。在 20 世纪 40 年代，随着产业结构的调整，让这些曾经辉煌一时的工业建筑成了毫无用处的闲置摆设，它们唯一可以选择的命运似乎就只剩下了被推倒然后消失。然而其高大开敞的空间、价格低廉的租金却吸引了大批艺术家与艺术青年。他们开始将这些已经废弃的空间按照自己的风格和需求改造成极具个性，富有艺术气息的居所或是工作室，从而形成了 LOFT 的雏形。虽然在最开始它的形成透露着艺术家的无奈，经济的拮据使他们不得不保留厂房部分原有的样子。也正是这些旧结构和旧部件所原有的机械美和沧桑美，以及它们所特有的历史沉淀，与艺术家们所带来的新元素形成对比，形成了一种新的美感，这也形成了 LOFT 的一个重要标志。另一方面，最初租用这里的大多是艺术家，通透开敞的空间对于这些人的工作来说是非常大的诱惑。所以他们在改造过程中最大限度地保留了原有的空间来满足工作需求。这使得整个空间既能满足居住，又能满足工作，使工作生活一体化，使 LOFT 空间具有了一定的自由性、模糊性和流动性。

随着艺术家们对这些废旧厂房赋予新的功能与新的美，也因其特有的空间特点给了艺术家无限的创造空间，使得 LOFT 既可以是展览馆、书店、画廊，又可以成为餐厅、咖啡厅、酒吧等，使得曾经的苏荷区又重生觉醒。这种新型另类的生活方式开始被更多的人接受。人们也越来越意识到在创意产业与旧工业遗址中 LOFT 起到关键的纽带作用。世界上越来越多的传统城市都希望能够通过 LOFT 来拯救曾经的旧工业基地，带来新的效益。如曼哈顿下城的翠贝卡街道的复活；曾为德国创下辉煌煤矿史的鲁尔区成功转型，成为充满文化和文学气息的现代城市；柏林克莱兹堡 LOFT；德国卡尔斯鲁厄艺术与媒体中心等。

中国也出现了许多这样的案例，上海的 M50、北京的 798 大山子艺术创作中心、深圳的 OCAT 艺术基地、杭州的 LOFT49 等，LOFT 理念在中国遍地开花，这种由旧工厂、旧库房改造而成的新艺术空间在城市的转型与发展中扮演着越来越重要的角色。

## 二、LOFT 空间形态分析

LOFT 是对原有旧空间的再次改造，其空间必然带有原有建筑的特点，经过改造之后，形成了 LOFT 所独有的气质与特色。总结起来分别为：高大开敞、真实性、模糊性、灵活性以及个性化。正是 LOFT 这些特点，吸引了更多的人去选择它，去追求这种 LOFT 生活。

### （一）高大开敞的空间

LOFT 空间最显著的特征就是拥有高大开敞的空间，LOFT 大多是对废旧的工业厂房进行再设计，并且曾经为了工作需求而设计的通高玻璃窗，也在改造时得以保留，使室内光线充足，高大通透，加强了与外界空间的联系，使空间再次延伸，让人们置身其中感受丢掉束缚、丢掉局限的自由感。

位于俄罗斯莫斯科市中心特维尔大街的中央电报大厦，始建于 1927 年，经过几十年的时光，它已经成为标志性的历史建筑。被遗弃多年之后，大厦被重新改造，获得新生（图 2）。设计师充分保留其原有的 7 米高的建筑几何结构和广阔的玻璃窗，保留最大的开敞空间，利用玻璃隔断和钢结构来分割

图 2
改造后的中央电报大厦

图 3
米兰 MSGM 服装办公室

小空间，充分体现了整个空间的高大开敞与灵活的特点。

（二）真实性

LOFT 最开始就是在原有旧厂房建筑上进行的再设计，所以其真实性就体现在了在二次设计中并没有抹去那些岁月的痕迹，没有摒弃那些散发特有美感的遗存。而是在一个个真实存在的旧空间里，根据功能的需求，尽可能地保存那些旧日里的红砖、铁锈斑斑的机器、粗糙的水泥、繁杂的管道，摒弃那些纯粹的装饰，保留那些结构与设备，保留一切所必需的元素，充分体现出那种特有的工业美感，在这些基础上，加上艺术家们灵动的创作、现代的材料，使其形成鲜明的对比，让空间保存其真实感，让空间里的物质具有的历史存在感能够真实流露。

米兰时尚服装品牌 MSGM LOFT 风格办公室（图 3）改造于 20 世纪初的废旧铁匠铺。设计师对于原有建筑并没有做太大改动，混凝土的墙体与天花、斑驳的红砖与室内极具现代的家具、设计师的创作作品相映成趣，在这样充满历史真实感的空间内办公，设计师们也许会迸发出更多的灵感，设计出更真实的作品。

（三）模糊性

过去的每一个传统空间都具有确定性，而 LOFT 开敞空间的不确定性、模糊性与之形成了强烈对比。曾经传统的套间隔墙在 LOFT 里很难找到，那些不同功能的分割不再是通过墙，而是直接用家具或者其他物体来代替，给人一种模棱两可的感觉。楼层之间的关系也不再是楼上与楼下这种简单闭塞的空间。改造者在这样高大开敞的空间内重新规划时，可以使得各个空间在范围与功能相互渗透，导致区域边界具有不确定性、模糊性。

（四）灵活性、个性化

内部空间的灵活性是 LOFT 设计的一大特点，也由其开敞通透的大空间所决定。设计者在这个开放的大空间里可以采用灵活的平面布置，让空间的开放性与私密性的利用上更加合理，具体形式有：包容性组合、穿插

图 4
慕尼黑
Designliga 公司的办公室

性组合、邻接性组合、综合性组合、过渡性组合。利用走廊、分层、隔断等来分割空间，而在整个空间布置上，一般不会出现闭合空间，还是会在保留整体的通透开敞的空间同时，去建立一些开放或半开放的空间，既保证方便舒适，又要灵活、个性。

LOFT 逐渐演变成了一种时尚的居住方式，大尺度的空间，没有传统限制的户型，可以完全满足用者各种个性化的需求。LOFT 空间的改造可以不受任何风格和格局的限制，因此很受艺术家和年轻人的青睐，保留的那些斑驳墙体、历史结构，没有华丽的外表，却是对自由、自我个性的表达，到处都洋溢着一种乌托邦的艺术气息。

## 三、 不同空间中的 LOFT

### （一）居住与办公建筑中的 LOFT

LOFT 在最一开始就是为达到居住的目的而被利用起来的。这种自由又带有创造的生活越来越受欢迎，从而发现这种空间也是可以创作的。LOFT 改造的经典方式就是工作与生活都得到满足，使得整个 LOFT 空间既能满足居住需求同时又能灵活的办公。在我们的生活中，我们每天面对不同的空间，学习、工作、居住、交往、休闲等，但是可供我们选择的空间却总是单一的，LOFT 的出现给了我们很多惊喜。它的空间不再是单调的，而是灵活多变、自由无序的。它的这些特点都让生活在这个后工业、信息化、网络化时代的人们，可以尽情追求享受自由、浪漫、前卫的生活和工作方式，无不体现着 LOFT 生活中那种自由与创造的积极意义。慕尼黑 Designliga 公司的办公室充分体现了 LOFT 风格（图4）。650平方米的老工业厂房被完全重新设计，为员工提供一个舒适自由的办公环境，提供足够的功能空间，曾经的流水线工作区完全转化为现代感十足的办公空间。

### （二）创意产业园中 LOFT

随着产业结构的变革，那些曾经昔日辉煌的工业区在时代的进步中画上自己完美的句点。城市转型迫在眉睫，这些一个个巨大厂房面对的好像只有被爆破、被拆除的未来。荒芜、没落的它们仿佛是这个城市的伤痕，幸而被一些艺术家们发现其特有的魅力，纷纷入住这里，让这里不在寂寥。这些老旧建筑们承载的是城市的记忆，承载的是历史的痕迹。所以对工业建筑进行改造和利用，保留建筑原有的风格、肌理、时代特征，保留那个工业时代不可磨灭的辉煌。艺术成就了旧厂区，工业残骸又给了艺术创作依托。各种创意产业在此熠熠生辉，又因为这些集合的旧厂房而聚集在一起，形成庞大的创意产业园区，在工业文明的版图上重生创意产业的光芒。

上海 M50 创意园区就是这其中的典型代表。M50 位于上海市普陀区莫干山路 50 号，拥有 20 世纪 30 年代的特色历史建筑群，是目前苏州河畔保留最为完整的民族纺织工业建筑遗存。其前身是一家建于 20 世纪初的上海春明纺织厂，停产之后，这里进行了适度调整，吸引了一批艺术家和创意设计者的到来，逐步形成了创意产业园区。相比以前各自为政的状态，艺术家们齐聚于此，给彼此提供了交流与撞击的机会，为他们创造了新的灵感，艺术家们也在城市中找到了属于自己的归宿。这些苏州河沿岸的工厂不仅仅是这座城市记忆的载体，也是当代艺术的创作和发展的空间。

（三）博物馆与会展中心中的 LOFT

将一些大型的废弃工业建筑改造成为 LOFT 风格的展示空间，是解决这些历史建筑非常好的方法。这不但是对过去建筑的保存，还是对历史的尊重。如果只有爆破和拆除才能进步，那么这个城市拥有的也只是华丽的外表和躯壳。

位于德国鲁尔区埃森的红点设计博物馆就是非常典型的代表。埃森，这个曾经拥有世界上最大和最现代的煤矿，被誉为"鲁尔区最美丽的矿区"的工业城，随着新能源的崛起，也在煤矿史上画上了句点。这里可以让观者领略到 20 世纪矿场曾经的盛况，探寻重工业发展的历史轨迹。政府积极的城市转型需要，废弃闲置的工厂被改造成现代气息的博物馆、餐厅和娱乐场所。埃森真正转型为文化之都。其中，红点设计博物馆就建立在这里一个废弃的煤矿工厂里，其重新对厂区进行了规划，原有的砖墙形式的厂房被保留，道路两侧进行绿化，旧的红砖建筑与新鲜的绿色植物形成鲜明对比。大门处依然屹立着曾经高大的煤矿绞车井架，而在博物馆展厅内部仍然保留着原有的高大锅炉设备钢架结构，斑驳的砖墙，生锈的铁制构件，粗狂而强悍。与展览的那些设计中的现代材料形成一种新的和谐，让置身其中的参观者在历史的沉淀中去感受最现代的设计，去感受这种特别的对比、融合，相映生辉。旧工厂改成博物馆，环境问题解决了，工人就业解决了，工业遗产得到了保护，人们又多了一个别具趣味的游玩空间，工业遗产巨人也由此"复活"，成为一个保护工业遗产、复兴工业文化的成功范例（图 5 ）。

图 5
德国
鲁尔区埃森博物馆

### （四）其他类型

旧工业建筑高大开敞又灵活的空间非常容易改造，满足各种功能需求。LOFT 改造不再拘泥于工厂、仓库，也可以是停车场、码头、集装箱甚至是教堂。如今 LOFT 已经应用到多种多样的空间，书店、餐厅、画廊、酒吧、咖啡厅、工作室等。LOFT 已经成为一种不拘一格的生活方式，它的风格多种多样，现代的、古典的、优雅的、粗犷的等。

位于荷兰古老城市马斯垂克的"天堂书店" Selexyz Dominicanen，享有世界上最美丽书店头衔，而这座让读者沉浸其中的书店由拥有七百多年历史的教堂改造而成（图 6）。设计师将现代元素与古老建筑融合在一起，用极简的黑色框架分割空间，将咖啡桌的阅读书桌设计成十字架造型，用心良苦的设计好每一个细节，创新的同时保持古典的设计，为这座教堂注入新的生命。来到这里，不仅是看书、买书，也可以在这壮观的古教堂里品上一杯咖啡，享受不一样的平静，体会新与旧的和谐美。俄罗斯叶卡捷琳堡夜总会（图 7）是一家并不带有夜总会性质的娱乐项目，以交友、交流为主要目的的夜总会。这里吸引了非常多的文艺青年与艺术家光顾，而店里吸引他们的最大魅力应该就是这里最质朴的空间形态，这里保留了建筑的最原始形态，只是在此基础上附加上一些功能设施。这里浓重的工业氛围，绚丽的灯光，奢华的家私，让人们沉醉在 LOFT 的魅力空间里。

图 6
荷兰"天堂书店"

### 四、北京 798 艺术区 LOFT 设计分析

图 7
叶卡捷琳堡夜总会

通过 LOFT，把历史文脉、城市生活、创意文化、艺术气息良好地结合在一起，最终形成创意文化产业基地，为城市带来无限生机，让城市活的再生发展模式在中国逐渐受到重视，因而各地创意文化园区辈出，其中较具代表性的就是北京东北四环的 798 艺术区，通过对它的分析，可以充分了解到 LOFT 是怎样在城市转型，旧工厂是如何重获生机并发挥作用的。

图 8
798 艺术区

（一）798 艺术区的背景

798 艺术区（图 8）位于北京朝阳区酒仙桥街道大山子地区，故又称大山子艺术区（英文简称 DAD — Dashanzi Art District），总面积为 60 多万平方米。艺术区前身为华北无线电零部件厂，建于 1951 年，包括了原电子工业部所属的 706、797、798 等 6 个厂区，因此又称"718 联合厂"，艺术区的名字也由此沿用而来。厂区原是由来自民主德国的一所建筑机构负责设计的，因此其设计极具德国包豪斯建筑的风格，注重功能，造型简洁，灵活多变。

同苏荷区一样，随着产业结构的调整，798 工业区告别了曾经的辉煌，大片的工厂停工，荒废，厂区一片没落。峰回路转，2002 年 2 月，美国人罗伯特租下了这里 120 平方米的回民食堂，开启了 798 地区的艺术之路。越来越多的艺术家用其独特的眼光发现了这块理想宝地，便利的交通，可塑的空间，低价的成本。从此，画廊、工作室、设计公司、书店、咖啡馆、酒吧、艺术中心等，各个领域纷纷走进这座工业废墟里，形成一体的多元化空间。在保护再利用原有遗留的前提下，根据个人的需求与风格，对其进行再设计、再创造，为整个厂区带入新的生机，这里已成为中国文化艺术的展览、展示中心，成为国内外具有影响力的文化创意产业集聚区。

（二）园区空间元素分析

1. 建筑结构

由德国设计师设计的包豪斯风格的厂房建筑，是目前整个亚洲唯一仅存的由德国设计师设计的包豪斯风格的建筑。厂房高大、宽敞，独特的 Y 形钢筋混凝土支撑结构，挑空高度超过 10 米，四分之一蛋壳状的屋顶，巨大的侧扇玻璃窗，这样的设计不光扩大光照范围，也使光照更加柔和，并且对于改造是非常有利的条件（图 9）。空间的支撑上，墙体的承重结构多用砖砌，屋架多以木结构来支撑。现在的改造中，最大限度地保留了原有的建筑结构，

暴露着那些支撑结构以及曾经的设施、管道、标语等曾经的各种元素，到处无不透露 798 那个辉煌的工业时代的气息。

图 9
内部结构

## 2. 内部空间

室内塑造和布局需要通过室内空间的分割、组织结合各种手段，满足人们在空间内的功能需求。曾经用于工业的高大厂房，现改造用于其他功能，其原有的单一的高大开敞空间，在最大化利用的同时，还是要进行良好分割，使其更加有层次，来满足功能的需求。

由于厂房挑空十分高大，在竖向空间的分割上，可采用楼梯来分层，既可以延伸垂直方向的空间，有 2~3 层的空间可以利用；还可以加大空间的利用率，使空间的公共性与私密性合理分配，隐蔽空间也可合理被运用，满足更多功能的需求。或者在平面空间上，对空间进行二次分割，划分成许多小空间，根据不同的功能需求进行空间分配，处理好围合和开敞的关系。内部空间的改造，充分体现了 LOFT 空间的整体性与灵活性。

佩斯北京画廊是占有园区内最大的空间建筑之一，这座工厂是砖混结构，锯齿形的屋顶和大片的天窗。设计师 Gluckman 说，他公司的设计，将"尽可能少的"损害现有的单层结构。他说："我们设法只是开拓这座建筑物的品质，并且引进一些与画廊的当代艺术品计划平衡的现当代建筑因素。我们尽力在三个因素之间达到一个平衡。这三个因素是历史、新的改造和计划使用的空间。'在设计中，用大部分高大开场的空间来进行展览，保留了 LOFT 高大开敞空间的特征'。"

## 3. 外部环境

旧厂区的衰落使曾经的工业场地及工业设施不断地被遗弃和荒废。厂房的外部环境急需改造和治理。来到 798 的艺术家们并没有跟传统思想一样，觉得这些废铁、管道是破败的、丑陋的，也没有像过去的做法一样，把它们全部清除。而是看到了这些工业遗存的技术之美，历史之美，人文之美，并把他们保留下来，再加上自己的创作作品，对外环境进行改造和治理，重新塑造具有人文精神的外部环境。使整个园区无不透露着旧工业与新创意的碰撞，化腐朽为神奇的力量。在这既能感受到工业时代的荣耀回忆，又能看到最先锋时尚的艺术。另类的当代艺术作品与过时的机械等历史痕迹相映成趣，仿佛展开了一场跨越时空的对话。

（1）涂鸦艺术

在798中随处可见各种涂鸦作品(图10)，鲜艳的色彩，夸张的表现，表现了艺术家们自由自在的创作状态，以此来宣泄着自己的思想和无意识。这样一种叛逆、前卫且大胆的大众街头文化，这种非建筑操作的手法，使得整个 LOFT 更加具有先锋性和自发性，也更容易让人们融入艺术的氛围中。

图 10
涂鸦艺术

（2）后现代装置

后现代艺术与 LOFT 是密不可分的，798 是目前重要的后现代艺术家们的聚集地。艺术家们所创作的艺术作品又成了艺术区内的一大亮点（图 10）。这些点缀在艺术区内的艺术品，既装饰了环境，又充分表达了艺术家们的精神与想法，也能够与大众形成互动。

（3）后现代工业艺术

798 艺术区里驻扎的艺术家和设计者们在对待那些原有管道、齿轮、机械时，摒弃原有的条条框框，抓住工业文明的尾巴，使这些旧工业的遗留成为 798 艺术区内独特的风景（图 11）。他们前卫、随性，用丰富的想象力和独特的手法，保留曾经的斑驳痕迹，对其略加装饰，在保有其原有的工业元素外，添加更多的艺术气息和设计感，让整个

图 11
后工业现代艺术

艺术区无不散发着工业与艺术的魅力。

（4）独特的标识小品

798 艺术区内的标识小品（图 12），大多以简洁的线条和几何形体来表达，融入了极简主义的理念，追求以小见大，言简意赅。形式抽象，寓意深远，浓厚的现代气息，形成园区内特有的风景。在材质色彩上，彰显个性却又不失情调，醒目突出却又和谐，或是就直接用那些曾经的金属结构，具有强烈的识别性和导向性，为园区增色不少。

（三）798 艺术区的影响及意义

2003 年，北京首度入选了美国《新闻周刊》年度 12 大世界城市，原因之一便是因为 798 艺术区的存在与发展，798 艺术区成功地把一个荒废的旧工业区成功转型为一个创意产业园区，在保留城市历史与记忆的老建筑方面也作了突出贡献。也是在这一年，798 艺术区被美国《时代》周刊评选为全球最有文化标志性的 22 个城市艺术中心之一。还是由于 798 艺术区的存在，北京在 2004 年又被美国《财富》杂志列为世界有发展性的 20 个城市之一。

798 艺术区在文化领域发挥着越来越重要的作用。艺术节、设计周、研讨会在这里如火如荼地举办，吸引了国内乃至世界各地优秀的艺术家，设计师齐聚在这里，互相交流，既让我们接触到了世界的水平，也让世界看到了我们自身的发展。

对于 798 艺术区最常看到的比喻便是"北京的苏河艺术区"。798 艺术区代表 LOFT 风格在中国的开花结果，是生态设计、绿色设计的再现。设计与改造，使原有的厂房有了新定义，使 LOFT 文化得到推广，理解了这种创造性的建筑与生活方式。印证了在现今这个时代，LOFT 的设计模式下厂房改造再利用对工业遗产保护再利用的意义，为旧工业建筑改造和城市有机更新提供了一条切实可行的方式。在节奏化、压力化的社会中，已经变成一枝独秀，引领着向往自由、渴望自然、淳朴生活的一类人的追求。

（四）问题

随着 798 艺术区的影响力越来越大，其效益也被越来越多人看重，租金上涨使艺术家不堪重负搬离艺术区，而曾经的艺术工作室也被更多的商业店铺所取代，使得艺术区内缺少了艺术的活力，丢失了独立的艺术精神，为了艺术而聚集的目的也变得不再纯粹，取而

图 12
独特的标识小品

代之的是浓厚的商业化，商业目的远远大于对于艺术的追求。

另一方面，798 艺术区的声名远播，也让更多的人来此游览，是 798 艺术区成为了旅游胜地，却缺少了艺术氛围。也许这些能够给艺术区带来效益，但是也相对破坏了艺术区的初衷，虽然艺术与商业也是不可分割的，但还是要注意艺术区内艺术氛围的保持，避免忽视文化的发展，失去文化的内涵。

## 五、结论

斑驳粗糙的围墙，尘土扑面的马路，破旧不堪的陋室，曾经在工业时代辉煌的旧厂房，没有大都市的喧嚣，没有写字楼的精致，没有商业价值的膨胀，它落寞的理由如今因为 LOFT 的出现竟变成涅槃的福祉。无论是对空间的改造，自由、浪漫贯穿其中，还是陈旧的机器结构也幻化成后现代工业艺术作品；或者是斑驳的墙体与现代装饰和谐并存，LOFT 无不倡导着一种自由、浪漫、个性的生活方式。

LOFT 在刚开始没有得到过多的支持，然而它所创造出来的文化价值、生态价值、精神价值和经济价值让人们不得不去关注并支持它。LOFT 已经成为一种生活方式，表达了人们对于艺术与个性化的追求，并满足人们的怀旧情结。现在的 LOFT 已不再只是单单的个人行为，更多的是一种商业行为、城市行为。

一个城市不能没有历史痕迹，不能只有对过去一味地放弃，不能没有创意与个性的精神，否则每一个城市都将是一个样子，单调无味。发挥更多的创意思想，不要轻易地就将那些有价值的过去舍弃，也许它们一个华丽的转身就又给这个城市带来新的创意，新的生机。

# 走进梦中的婚礼

## 日本星野梦缘五大教堂建筑

文 / 刘俊佑

宗教建筑

历史性

精神内涵

URBAN CREATIVITY
AND PRACTICE

**摘要：**

建筑，尤其是宗教建筑作为城市的一个组成部分，仿佛一位历史诗人讲述着这个城市的时过境迁。对于教堂这样的宗教建筑而言，更强调它的精神内涵，这是它的核心同时也是其重点表现的部分。现如今，都市建筑如"城市森林"一般涌入我们视野时，教堂是神圣的，在这里，我们会对上帝与人，人与上帝做出更深刻的思考。因为对于教堂来说，它本身就是连接上帝与人之间关系的坐标。

**关键词：**

宗教建筑　　历史性　　精神内涵

Japan Five

Hoshino Cathedral

图1
佛罗伦萨市政厅广场

图2
布鲁塞尔市政厅

## 一、教堂建筑的变革

在欧洲早期，教会力量的不断发展壮大，教堂往往高耸入天，宏伟高大。到了10~12世纪，教堂慢慢成为城市中的制高点，它是城市生活的中心，统治着整个城市的天际线。教会通过建造宏伟的教堂来展现自身的统治力，而臣民们也为自己的城市拥有宏伟的教堂而感到自豪。这正是欧洲城市崛起的象征。

在文艺复兴以前，教堂都是作为欧洲城市的主要建筑而存在的。而在14世纪文艺复兴的文化思潮影响下，这一状况发生了重大的转变，大量的建筑师越来越认为，建筑最主要的功能应当是为人们的日常生活服务的，特别是服务于城市生活的需要。人们变得越来越重视当下的现实享受。与此同时，各种图书馆、歌剧院、市政厅等公共设施相继出现在城市里。在布鲁塞尔，市政厅的高度为91米（图1），而大教堂高度仅仅只有64米，这也从侧面体现出世俗力量的崛起。在佛罗伦萨，城市中心也从教堂转向市政厅广场（图2）。在城市之外，皇家贵族的宫殿范围也越来越精致华美，成为新的建筑焦点。在多方面的影响下，教堂的地位逐渐降低，之后便再也没有恢复到中世纪时期的地位中去。

进入20世纪，教堂早已不再是最宏伟的建筑，建筑理论的发展则成了教堂建筑的重要源泉。新方式、新理念也是层出不穷，产生了众多优秀的当代教堂建筑。代表作品有柯布西耶的朗香教堂、迈耶的罗马千禧教堂、日本轻井泽的石之教堂等。除此之外，由于当前的时代背景以及科学技术的发展，新现代教堂的建筑形式也更多地倾向于现代主义风格，开窗形式的不拘一格，结构关系的标准化等。

## 二、教堂建筑的有机表现

建筑不是孤立存在的，它存在于环境之中。不同的环境会产生不同影响，对教堂建筑来说，需要与周围环境保持和谐，让整个环境变成是"鲜活的、有生命的"有机建筑。有着"自然建筑第一"之称的美国设计师凯洛格（KendrickKellogg）说："亲身体验与自然共生的建筑，以及使生活充满激情的建筑，正是潮流的生态建筑也强调从自然中学习设计，也从自然中学习建造。总之，有机建筑应当时刻提醒着我们不要以为自然母亲是一种施予，要为它工作并让它指引你一生的实践，如果想要禁锢它，最终倒霉的只能是人类自己。"

过去，教堂主要建在城镇中。现在随着人类活动范围日益广泛，教堂也逐渐走向越来越远的地域。它们存在于山中、水边、森林深处，甚至于皑皑冰雪里。而所有这些，都能在星野梦缘五大教堂里找到，它们以谦逊的姿态，融入大自然的怀抱之中，与周遭变换的环境相衬的毫无违和感。

你有曾经梦想过完美的婚礼殿堂吗？是圣洁的？还是惊艳的？是自然的？还是精致的？在日本，在轻井泽，在星野梦缘教堂，在这里，每一刻，每一个新人都值得用一生去回忆。

### （一）石之教堂——力与美的融合

"只有在大自然中才是真正祈祷的地方"，石之教堂便是如此，它融合了石、光、水、绿色、树木五大自然元素，充分表现出这种有机设计观念——一切来源于自然的教堂。

石之教堂建在素有"东京后花园"之称的轻井泽，它是世界上少有的、有着绝对建筑美感且颠覆了传统意义的教堂建筑。它静谧地坐落在森林之中，安静而优雅，远远望去，它与周围环境融为一体，仿佛来自于茂密丛林，存在于太古时代（图3）。

图3
石之教堂

图 5
高原教堂

石之教堂由石头和玻璃堆砌而成，整个建筑呈现出大型的弧形结构，曲折而蜿蜒。阳光透过玻璃射入内部给以殿堂丰富的神圣氛围。教堂入口处不规则排列的拱形结构，带给人们视觉上柔与刚的完美视觉冲击（图4），其中粗糙的石头寓意着男性阳刚有力的一面，而透明的玻璃则代表着温柔细腻的女性；另一方面，喻示着新人需要经历不断磨合才能最终迈入幸福婚姻的殿堂，其实这才是爱情的真谛。

图4
石之教堂入口

（二）高原教堂——时间的记忆

与石之教堂相距咫尺的高原教堂，它的前身是由内村鉴三、岛崎藤村等文化名人于1921年设立的"艺术自由教育讲习会"。为了延续这种文化，"星野游学堂"这五个字保留在了教堂的正面，这是一种对历史的尊重（图5）。高原教堂是日本第一个让新娘穿着婚纱举行西式婚礼的教堂，至今已有九十余年的历史，全木质的建筑，仿佛时光在此停止。

教堂中高大的桂花树散发着浓郁芬芳的香气，空气带着高原特有的清新沁爽，都让驻留在这里的人们忘却了城市的喧嚣。教堂夸张的三角形屋顶直垂到地面，在树林的衬托下就像童话中的魔法小屋一样（图6），加上古朴的全木材质，整个建筑充满着时间的记忆。

图6
高原教堂

（三）花园教堂ZONA——甜蜜的芬芳

花园教堂ZONA是由著名建筑师马瑞欧·柏力尼（Mario Bellini）设计的。ZONA在意大利语中代表空间，在这里代表着新娘新郎圣洁起誓的地方。

花园教堂ZONA的设计灵感来自于树上的叶子，因此建筑外形犹如两片树

图7
花园教堂

叶重叠（图7），代表着新娘和新郎在茫茫人海中由相遇、相知、相爱，最后到相守。婚礼在有着高原清澈的空气和悦耳的溪流水声中举行，阳光透过舞动着的树叶洒在小路上，宛如一条神奇的黄金大道，预示着新人向美好幸福的未来生活迈进。最精彩是在婚礼的高潮时候，开合式的树叶状外壳会慢慢蜕开，金色的阳光倾洒下来，婚礼仪式伴着上方安静的蔚蓝天空与水面拂动的清风，都带给新人无尽的感动与回味。

图8
水之教堂

（四）水之教堂——聆听自然的祝福

水之教堂以"与自然共生"为基调，完美诠释了有机建筑设计。建筑师将一道"L"形的混凝土墙围绕着水之教堂，面对水池，它的正面是一面长15米、高5米的巨大玻璃，玻璃正前方是一个90米×45米的人工水池。在这里，潺潺流水，舒卷白云，微风泛起的涟漪，美得仿佛宫崎骏笔下的画境。一般来说，我们看到十字架是悬挂在墙上或圣坛中央的，但水之教堂打破了这种传统，一座钢骨的十字架矗立在水池中央（图8）。在这里，一切都变得安谧、纯净、透明。

每年的5月到11月期间，巨大的玻璃将完全打开，教堂与大自然完美融合。

此时，整个婚礼现场就好似在北海道秀美纯净的大自然中举行，新娘新郎听着流水潺潺，沐浴着海风清澈，一起面向圣洁神圣的十字架，聆听自然的祝福。

（五）冰之教堂——冰雪的纯洁

冰之教堂坐落于北海道东北部地区的星野 TOMAMU 度假村中，在这里，屋顶、桌椅、十字架、一砖一瓦、这里的一切一切均是由天然纯冰堆砌而成，也正因为这个原因，教堂只在冬天对外开放，且仅开放 30 天，这也预示着爱情的纯洁和伴侣的唯一。在这样一个纯粹的透明、晶莹、形成冰蓝色的幻想空间里，新娘新郎携手走向神圣的十字架前，共结连理，同谱幸福美满的婚礼乐章。而当天色暗下来，教堂在深邃的夜空下，好似披上了充满幻想的冰蓝色华衣，美得摄人心魄（图 9）。

图 9
冰之教堂

### 三、教堂建筑的空间处理

纵观星野梦缘旗下的一系列教堂建筑，每座建筑都有着自己鲜明的个性和独特的空间处理手法。教堂建筑从引导与暗示，层次与渗透，衔接与过渡方面出发进行设计，使得人们在欣赏建筑本身的同时更加能够注意教堂背后所蕴含的丰富寓意，还有它那曲折的历史回味。

（一）引导与暗示的空间处理

人们进入神圣的殿堂之前，往往需要收拾好情感的包袱和心灵的净化。建筑师巧妙地设计一个长长的线性引导，好让人从嘈杂的世界中有一个静下来的过程。当人逐渐深入教堂，慢慢达到彼此之间的融合。以"水之教堂"为例，整个建筑是"L"形的墙体所包围，人们在欣赏到绝美自然湖景之前，需要在这条长长的"L"形墙外侧行走，这一引导空间具有暗示作用，它留给人们过渡情感、沉淀杂绪的时间和空间。而当人们真正进入殿堂内部时，一切都会让人感叹自然的恩赐。

（二）层次与渗透的空间处理

在空间的处理上，注重通透性设计原则，半开敞的设计手法使得空间视野不受阻碍，同时每个空间可以相互因借，彼此渗透，保持整体建筑空间平衡性的同时注重空间的层次和韵律。花之教堂 ZONA 就是很好的典型，它的外形是两片树叶的重叠，一片是在玻璃上以藤架为主题的浮雕样式的树叶，另外一枚是无数的小孔勾勒出连福草的样子。两枚树叶宛如纤细的蕾丝花边一样，勾画出令人联想到叶脉的流线型。不论白天或黑夜，皆能展现出它不同风格的魅力，聆听美丽的演奏。

（三）衔接与过渡进行空间处理

建筑之间的连接如果使用直接的简单方式不仅会让人觉得生硬，而且往往令人印象寡淡。因此，曲折的、变化的空间过渡处理方式会使得建筑本身别具一格。就拿石之教堂来说，教堂的入口处是由石头和玻璃呈拱形不规则地排列起来的，这样阳光伴随着空间的落差、时间的变化，带给教堂内部以不同的表情。这一蜿蜒向上的神秘结构，实际上利用空间过渡的处理，使眼前的教堂与周围环境融合更加自然，也是为即将来到的教堂内部做铺垫，让人的宗教情绪在殿堂内部那一刻达到高潮。

四、结语

一直以来，建筑都被称为"凝固的音乐"，通过对教堂建筑在空间、形态与自然环境上的分析，我们可以感受到有机设计、空间处理对城市中最重要的主体——人所产生的心理变化。这种变化不仅仅是每个单一空间所表现出来的情感叠加，它呈现给我们的是一系列有节奏的、丰富的、自然的空间旋律。

扎哈·哈迪德曾经说过："在疏离的当代城市中，建筑师有责任创造能抚慰人身心的空间"。在星野梦缘教堂建筑里，所有的这些，不管是水、阳光、玻璃、石头还是混凝土，都被赋予了生命，使我们能够在城市建筑中体验到教堂带给我们最自然、最真实、最震撼的心灵共鸣。

02

城市公共艺术
市共术

城市·创意·实践

CNU

市
共
术
城
公
艺

# Public Art

# 城市中的三维艺术

## 3D 街头地画

文 / 李鑫鑫

城市创意

3D 街头地画

艺术形式

URBAN CREATIVITY
AND PRACTICE

**摘要：**

近年来随着艺术的全球化发展，西方的街头文化也越来越受到中外艺术家的追捧与关注。在二维平面上模拟出三维立体空间效果一直以来都是人类视觉艺术追求的热点问题，而街头文化艺术与视觉艺术碰撞出了崭新的激情火花——3D 街头地画。这种以地为"布"的创作方式受到了人们的高度关注，利用人们的视觉错觉而创作出来的富有创意性、能够以假乱真的艺术效果不仅带给参观者一种身临其境的感觉，还为城市的发展增添了许多生机与光彩。艺术家将它看作是艺术逻辑在现代的重要发展和延伸。

**关键词：**

城市创意　　3D 街头地画　　艺术形式

Three Dimensional

Street Painting

## 一、3D 街头地画的源起与发展

### （一）3D 街头地画的发源

3D 街头地画（3D Street Painting）又称 3D 立体地画、街头立体画、三维街头地画、城市立体画、城市三维立体画等。有着二十多年的发展历史，在国外已经发展为一种成熟的艺术表现形式。秉承以现代绘画理念为基础，发源于西方大众文化，最初为西方先锋艺术家表达自我、彰显个性的一种艺术表现方式。

图 1
立体涂鸦大师
库尔特·温纳

### （二）国外 3D 街头地画的发展

因其创作成本低廉，场地要求几乎无限制，自由发挥度强，其从诞生之日起就受到了许多草根艺术家的青睐；又因其颇具娱乐精神与诙谐意境，容易与大众流行文化产生共鸣，场地自由，创作与展示形式开放，突破了传统的绘画艺术形式，可以与参观者零距离沟通，易于受到参观者的喜爱与追捧，所以激发了很多艺术家的创作热情，从而涌现出一批热衷于 3D 街头地画创作的艺术家。如英国艺术家 Julian Beever、美国艺术家 Kurt Wenner、英国艺术家 Joe Hill 就是其中的佼佼者。

图 2
库尔特·温纳 (Kurt Wenner) 的
作品

库尔特·温纳 (Kurt Wenner) 是美国密西根艺术家（图 1），因发明三维立体画而闻名，立体涂鸦的重要代表人物之一。三维立体画也称为：三维路面艺术、三维街画、三维彩绘艺术或街头 3D 艺术彩绘，是一种变形的新兴艺术形式。视觉三围立体画通常被认为是视觉幻象空间的表现形式，具有强烈的视觉冲击感，具有一定的逻辑数学的角度延伸。同样，身兼壁画家、雕塑家、街头绘画大师、装饰艺术家的库尔特·温纳，在 1984 年就已经成了少数大师级的人物之一，其作品具有强烈的视觉震撼力（图 2），用一种全新的艺术表现方式诠释了文艺复兴时期的艺术经典。

图3
Julian Beever 作品

素有"街头毕加索"之称的 Julian Beever 是英国著名的三维画艺术家，他擅长用粉笔在街道上创作出从某一角度观看可以使二维图像变成三维立体效果的艺术作品（图3），因而他的作品受到了很高的艺术评价。这些视错觉图像利用光学幻觉、投射、合成变（anamorphism）、反常的视觉定律，达到了使参观者产生视错觉的效果。错觉图像可以让原本平面的图像变得立体，使观赏者将自身融入图像中。从设计者的最佳视点使用设备进行观看可以达到最佳的观赏效果，而如果从其他角度观看，画面则是拉伸变形的。只有使用相机等设备才可以获得最佳的画面效果。通过这样的反差对比，使原本处于同一平面的画面产生强烈的视觉特效，易与观赏者产生共鸣，增加观赏者的兴趣。

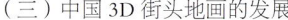

图4
涡

（三）中国 3D 街头地画的发展

2005 年 3D 街头地画由齐兴华（Michael Qi) 首次引入中国，对于学壁画出身的他来说一切都是未知的，没有任何的借鉴，全凭他自己的创作研究。他的首张 3D 街头地画《漩涡》（原名：与一个坑）在北京大学、北京鼓楼、清华大学、颐和园、圆明园等地进行了现场展示，并引起了较大规模的轰动效应（图4）。他将中国传统文化元素巧妙地融入 3D 街头地画中，从而创作出来的《古龙今韵》（图5）于 2008 年北京奥运会期间被摆放在"鸟巢"供参观者欣赏。并于 2009 年入选第十一届全国美术展览，这是 3D 街头地画正式进军主流艺术领域的标志性事件。2010 年 5 月 16 日，由齐兴华创作的 3D 立体街头地画作品《唐吉可德》（图6）经英国吉尼斯世界纪录总部官方测量认证，以 535.3 平方米的巨幅成为当时世界上最大的 3D 立体街头地画。因此，齐兴华也成为首位打破 3D 绘画吉尼斯世界纪录的中国艺术家。

图6
3D 立体街头地画
《唐吉可德》

图 5
古龙今韵

　　和齐兴华同一时代的还有万氏兄弟（万以琚、万以珩）。世界上最长的
3D 地画就出自于万氏兄弟之手：一个变幻的海底都市呈现在眼前，几叶小舟
荡漾在摩天楼宇之间，一切海底景观、海洋生物、海底建筑都那么惟妙惟肖……
冠懋集团携手国际知名的 3D 地画大师万氏兄弟共同打造的作品《蓝之梦》（图
7）总长度为 200.09 米、宽 6.13 米成为世界上最长的 3D 地画，打破了 2013
年 10 月在广西柳州创造的 167.79 米的吉尼斯世界纪录。2013 年，万氏兄弟把
3D 地画艺术延伸到四维空间中，再次创作 4D 画作品《海洋新世界》（图 8），
画面以海底为主题，首次利用整个室内空间的天花、地面、墙面、柱身进行
4D 画设计及绘画，在空间中还加入了雕塑进行画面融入，把 4D 画艺术再次
推上新的台阶，创造了一个全新的视觉感受。未来 4D 画艺术将越来越受到观
众的喜爱和追捧。在香港、台湾等地区也有很多艺术家从事 3D 街头地画创作，
并取得了不同层次的成就。

图 7
蓝之梦

## 二、关于 3D 街头地画

### （一）载体材料

　　3D 街头地画的创作材料主要依据创作载体的材质所决定，布面底质需要
用丙烯颜料或油画颜料；底质为街道柏油马路类材质，需要用丙烯颜料和色粉
较适宜，但难以清洗，且很难保证画面的完整程度。考虑到这些原因，所以一
般都会将立体画先绘制到画布上，大部分画作采用既环保又容易施展画技的丙
烯颜料。

图 8
海洋新世界

### （二）适用场所

顾名思义，街头立体画应用为公共场合居多，因为其视觉效果非常具有冲击力和震撼力，且易与观众产生互动。公司展会、集体活动、公园休闲娱乐、企业产品宣传等活动采用三维立体画的方式来表现都是一种独特的艺术形式。将这种形式运用到天顶画、壁画、政府大厅、皇家贵族寓所、高级别墅等都可以成为良好的艺术载体，不失为一种极具创意的表现形式。总之，三维立体画的适用范围很广，场地限制度极小。

## （三）保存期限

这样具有创意的三维立体画的保存时间要根据它的展示场合做决定，如果将其应用到公园、街道等户外的展示中，由于人流量大、参观者居多的原因对画面的磨损程度就要大些，相对于用于室内展示的画作时间就要短一些。一般室外的展示在维护得当的情况下保存一个月左右是没有问题的；在展示环境较稳定，没有踩踏的情况下保存十年也是没有问题的。

## （四）规格范围

3D街头地画的规格大小要依据其展示的场所来决定，还要考虑到绘制成本的问题。一般画幅范围在20~30平方米，没有最大上限，画幅越大所带来的立体效果视觉震撼力越大。当然某些特殊的小幅场景也可以体现，但以不小于10~15平方米为最佳，否则三维立体效果则会不明显。

图 9
街头地画的商业宣传

## 三、3D 街头地画的当代应用

在各种信息网络的传播媒介积极推动下，随着我国艺术家对 3D 地画艺术的不断追求，艺术家的作品也会越来越丰富，3D 地画也会被越来越多的大众所熟知和喜爱。中国艺术家终于证明，这门从国外兴起的新兴艺术中，中国人有着举足轻重的地位。3D 街头地画已逐渐被大众所接受，取得了一定数量的忠实爱好者。

图 10
街头地画
的汽车品牌销售

这种迅速发展的艺术形式被一些有心机的商人与企业看重，将其用作消费者直接相关的各类公共场所，如知名品牌公司、广告公司、传媒公司、超市商场、专卖店、商业宣传推广（图 9）、房产宣传、汽车产品销售（图 10）、旅游业、电影制片巡演等。

这种新兴的艺术手法不仅被传统的商业所看重，在 2016 年 1 月 5 日，河南省洛阳市新安县磁涧镇邀请专业的绘画团队，将美丽乡村文化与旅游文化相结合，利用该镇乡村沿街工厂、居民房屋墙体等创作出一系列时尚 3D 艺术画。

勇猛的蜘蛛侠、调皮的阿童木、呆萌的功夫熊猫、婀娜的美人鱼、可爱的忍者神龟、飞翔的汽车等一幅幅栩栩如生、跃上墙头的 3D 立体画面，铺满了整个磁涧镇礼河村沿街居民住房墙体，就连街头的旱厕也被画上 3D 扑克牌上的"皇后"、"国王"立体画。时尚艺术与乡村景物相映成趣，扮靓了整个乡村街道，成为当地乡村旅游又一景。

3D 街头地画的发展开启了新颖而具有针对性的宣传形式。不仅迎合了市场经济发展的需求，也使其在较短的时间内受到了更快速的发展。虽然在国外 3D 街头地画已经成了一种成熟的艺术表现形式，但是在国内来讲这种艺术形式仍处于方兴未艾的阶段，大众对这种极具创意的艺术形式仍然存有强烈的好奇心和热衷心态。

### 四、结语

秉承我国的可持续发展观原则，艺术工作者要从我国千百年优秀的传统文化中深刻地领悟到"人与自然共生"的设计理念，从而使参与到城市公共艺术中的大众群体领悟到人与自然和谐相处的设计理念。

现代城市的公共艺术发展呈现出是一个艺术全球化、面向大众化的趋势，3D 街头地画艺术作为独特的艺术形式对城市公共艺术具有积极的推广作用。不仅可以提升市民的艺术鉴赏能力还可以提升艺术家自身的创作水准，提高艺术创作者对城市公共艺术建设的积极性，将新颖的艺术创作理念融入社会的大众文化中，让社会成员愿意参与到城市的文艺事业中来，将现代的城市公共艺术融入自己的日常生活中，从而达到热爱我们城市的目的。

# 城市建筑中的
# 情感空间与色彩空间

文 / 孙延

情感空间

色彩空间

同构关系

URBAN CREATIVITY
AND PRACTICE

**摘要：**

城市建筑情感空间和色彩空间，是城市建筑空间视觉语言环境的统一体。城市建筑情感空间和色彩空间之间互相依存，互相作用，互相制约，互相融合，共同和谐地存在于建筑空间视觉语言环境之中，为建筑空间赋予最佳的视觉表情和恰当确切的心理定式。

**关键词：**

建筑　　情感空间　　色彩空间　　同构关系

Urban Architecture of
Emotion and Color

城市建筑情感空间和色彩空间，是城市建筑空间视觉语言环境的统一体。它是通过人的审美体验与人发生直接的情感诉求，从而展示其凝聚的各种不同情感。建筑情感设计和表现，是依靠其最鲜明、最简洁、最能阐述事物本质特征和最具代表性的形体、色彩、装饰、肌理等设计要素的集约，从而形成综合表现力的结果，并不是单纯一种要素即能完全负载并表述明确的。城市建筑情感空间和色彩空间之间互相依存，互相作用，互相制约，互相融合；情感空间的架构，离不开色彩视觉空间秩序性的规定；而色彩的准确设色，又是以建筑情感信息定位为依据的，是制造和抒发情感的因素、工具和手段，而且色彩本身亦是有感情的，不同色相的色彩及其在不同的环境中表现出的情感也不相同。情感空间和色彩空间共同和谐地存在于建筑空间视觉语言环境之中，为建筑空间赋予最佳的视觉表情和恰当确切的心理定式。

## 一、建筑情感空间与色彩空间信息的构建及传播

**图 1**
**上海金茂大厦**

建筑通过其特有的空间结构关系和艺术表现力传递建筑的情感。建筑空间情感化、人性化的塑造，使其充满了特定的情感信息。这种特定建筑情感的凝固和展示，是以具有可感性的富有特定思想内涵的符号结构而成的，即把抽象性的情感概念以抽象的符号或具象的形式转化为可被感知的符号或视觉语汇，以符号语汇来完成情感的传递。上海金茂大厦（图 1）的造型，有意识地借鉴中国古塔的变化韵律，给人以中国古塔的定位联想。强化造型透视的逐层急促加快的节奏伸展，增加了塔楼的固有高度感，高峻威严，挺直雄健。银色基调的塔楼与天空背景融为一体，同时红色花岗石组成的红色基调裙房又密切了它与大地的关系，并衬托了银色基调的塔楼。这个设计舍弃了具象形式的模仿以及机械僵硬地照搬重复传统，而是以明快、醒目、凝练的抽象形式表达了中国传统塔结构和塔文化的概念。厦门高崎国际机场候机楼的外观造型，以比例优美的折线形架空斜脊，同雄壮、两端向上微翘的正脊结构构成屋顶形制，使得中国传统屋顶的神韵油然而生。逐层退台升高的架空结构性语汇既符合这个建筑的构造逻辑，满足内部空间需求，又自然地作为了造型的视觉元素，本土的传统建筑情感意念与现代设计审美思想，通过简约的塑形和空间序列的有机整合，将中国传统建筑文

化的话语转化成现代感的设计语汇，保留在了特定的结构之中，从而展现出华夏雄厚的建筑文化和气度非凡的精神。

色彩是抽象的表象符号。色彩抽象性在一定意义上是抽象与具象、感性与理性、普遍与特殊、个性与共性的复合。表意和表象有时同时存在，色彩表象性构形和色彩情感效应，与人类内在的情感等主观经验形式和联想有关，在一定条件下，又以文化现象为基础，从而使得色彩有了某种系统价值。

建筑情感亦是一个极具抽象意义的无法捕捉的抽象概念，是一种情感本质的外化。这个抽象概念的意义阐述和信息传达，必须依附于具体的客观实体，并以此为承载媒介，转换成一种符号或者综合作用的诸元素集合体，方可准确无误地传递给受众。而色彩本身的固有属性，决定了色彩信息的传达，只能依赖于视觉对它的准确识别和判断，以可视化的形式被人们认知，而无法被触觉、嗅觉、味觉、听觉所感知。色彩信息通过刺激人的视觉器官，使人产生一定的视觉冲动和视觉联想，在人的大脑中经过与已有经验、知识和色彩概念的相对照、分析、整合，进而与所传递的视觉情感信息达成共识，引起心理上的共鸣。当色彩成为具有普遍意义的某种象征时，色彩就具有传递相同心象和含义的表现功能。从这个角度说，色彩具有特定信息符号的意义。

蓝色给人理智、平静、清新、镇静的抽象联想，代表了明晰、合乎逻辑的态度，能够使人以明晰的头绪思维。汉诺威世博会的未来健康馆，紧紧抓住蓝色调的固有属性和情感特征，以蓝色的反光材料地面和周围深蓝色湖水图像的墙面，营造了一个轻松、安宁、舒适的空间。蓝色传递给人一种健康的信息，色彩作为通信手段与建筑环境用途的和谐配合，使色彩情感经验得到了最大限度地发挥，取得了建筑形体语言无法达到的表情效果。这说明，建筑色彩空间情感语汇的集结、架构、展示和传达，可直接影响到现代人与环境及其构成元素间沟通的质量。

## 二、城市建筑情感空间与色彩空间形与意的表现

### （一）建筑情感空间与色彩空间的功能互动

色彩在建筑设计中表现出的功能不仅在于装饰美化和传递信息，更重要的是它作为造型艺术的语言媒介，在建筑环境情感方面所发挥的不可替代的作用。色彩情感取决于色彩各种特性、属性的表现以及与建筑表达语言的和谐共鸣，它的特性使人把与其相通的心理性质和社会文化发生联系，引发某种情感沟通。比如，黑色给人一种深沉、严肃、悲哀等心理联想，有强烈的沉重感和压抑感。美国肯尼迪图书馆（图2）的建筑设计，就利用这一色彩特性，通过大面积黑白绝对色的有力对比，极度渲染美国总统的悲剧性死亡。超大体量的黑色玻璃幕墙的构成体，给人以超常规尺度的结晶体般的纯净感。建筑色彩营造的最佳色彩关系，将肯尼迪图书馆的纪念意义推到与其他总统纪念图书馆截然不同的境界，构成沉思、缅怀的庄严气氛。在这里，抽象的情感，抽象的色彩含义，通过特殊的色彩抽象符号及其空间语序的构成，转化为可视的明确符号和情感定位，准确、系统、深入和全面地阐述了特定建筑空间的情感特征。

城市建筑情感的聚集和表达是通过象征或寓意的手法表现出来的。体积、色彩、质地、肌理、形状、比例、布局等可视形象，这些造型媒介和语言表达了建筑的思想情感，展现了建筑艺术的形式美。在现代建筑信息形态的整体结构中，建筑环境和建筑空间的关系引发了建筑的审美情感。建筑本身对总体环境的尊重与和谐，直接影响建筑视觉情感信息的表现和传达。不同建筑与其所处的自然环境及建筑群体不同的序列构成，表达和传递不同的美感体验和情感冲动，高大、神圣、幽静、雄伟、威严……情感知觉产生于与环境的配合和关联。特定环境和建筑暗示了特定情感和特定色彩的特殊规定性，色彩在建筑环境经营中的秩序，完全从属于整体建筑的环境情感。悉尼歌剧院（图3）以白色的调饰面，迎合了春夏秋冬、晨曦暮霞、阴晴雾雨等不同时间与情状建筑环境的变化，弹奏出变幻莫测的色彩音乐交响。当然这种规定性还要与当地的文化、建筑的功能及人们的习俗等紧密结合，才能相得益彰。

世博会印度馆的入口设计，以传统的形体图形语言，阐述了"我像迎候神一样迎候你"的理念，从情感上唤起人们对这个宗教文化大国的向往。同时，黄色的情调吻合并强化了这一理念，让人仿佛嗅到了淡淡的高香味，闻到了声声木鱼的敲击音。

（二）建筑情感空间与色彩空间的心理定位

不同国度、不同民族以及宗教信仰、欣赏习惯的差异，都能直接影响现代人对色彩的心理感受，因此在准确把握色彩个性情感与建筑表达内容的前提下，应密切关注人们的色彩喜好、审美习惯以及色彩的流行时尚。北京香山饭店（图4）的总体布局，考虑到饭店地处幽静、典雅的自然环境和众多的历史文物，建筑师有意将建筑物设计得比较低矮，不破坏四周的景观，并在外立面设计了三层玻璃窗，利用视错觉造成建筑物只有三层的高度，从心理上进一步增加了建筑的低矮感觉。它的空间布局采取中国建筑传统的中轴线布局、多院相连的区分和联合方式。散发着浓郁现代民族气息的香山饭店，色彩配置运用中国传统抹灰墙面的白色、灰砖线脚为基本色调，素雅、干净、洗练，与江浙民居和园林建筑相照应。浑厚素朴的风格，朴拙单纯的传统工艺，视觉化的色彩形象，均散发出淡淡的乡土气味和思乡情结，表现了对乡土文化的深切眷恋。

图4
北京香山饭店

色彩不仅是建筑立面的基本内容，也是形成建筑性格特征的重要因素，是建筑情感整体结构系统不可或缺的部分。色彩的作用已经超越了本身信息传达的功能，而成为现代建筑空间关系构成的造型元素和表现因素，以色彩制造建筑情感，传递建筑情感。同时，色彩的冷暖、远近等固有特征也决定了其情感含义。建筑大师赖特设计的流水别墅（图5）以优美合理的造型和色彩的绝妙搭配，准确表达了设计者的建筑观念和与大自然有机协调的美学追求。用当地片石砌筑的墙垛，其纹理与山岩相通，色彩与环境融合，颇具天趣。杏黄色的混凝土阳台，长短厚薄宽窄不一地向四面八方伸展，凌空飞横于瀑布之上，色彩与大自然互相渗透，互相衬映，浑然天成。

图5
流水别墅

建筑情感空间和色彩空间的情感效应和情感表现力，既涉及色彩刺激，又涉及不同人群对色彩的不同生理反应；既有关于观者的视觉经验，也与个人的记忆、刺激等心理活动发生联系，还取决于个人与环境的关系。

越战给美国人民留下了难以忘却的伤痛，为了阐述和揭示这一社会现实问题，表达对死难者的敬仰和怀念，华盛顿越战军人纪念碑环境艺术设计者将纪念碑设计成两个直边相连接并成一定角度的直角三角形嵌入凹陷的坡地，形成表面由黑色花岗岩砌成的挡土墙形象，其上铭刻着越战中死难者的名字。当人们缓慢步入凹地，看见黑色花岗岩上那一排排、一行行密密麻麻的名字时，心情将随地势的凹陷，越来越沉重……这种思想情感的产生和思绪的波动，不仅得益于纪念碑的空间造型语言的准确定位，而且建筑情感空间和色彩的定位，也完全紧扣人们在这个特定环境中的心理审美特征，以情感环境空间语言和色彩的造型形式语言，控制了处于这个特定环境中人们的思想感情，使人们的心理空间和情感空间取得了一致的效应。在此基础上，作者又把色彩的表情特征和固有的色彩情感演绎得淋漓尽致，以黑色所具有的压抑、沉闷、罪恶、恐怖、悲哀、严肃、深沉、不幸等色心理和情感联想充分表达，并与材质紧密结合。通过多种要素的绝妙运用，最终造就了这个超凡脱俗的公共建筑环境设计作品。

（三）建筑情感空间与色彩空间的承载媒介

色彩作为视觉艺术造型语言和情感媒介，是通过可见的实在物质媒介表现出来的。建筑色彩的规定，实际在很大程度上是以建筑材料的选择为前提的，材料承载了情感和色彩信息，是形象化展示情感的载体，是人们情感意念的寄托物。没有材料作为情感传达媒体，建筑的情感空间和色彩空间也就不复存在。

汉诺威世界博览会日本馆的设计，为了把场馆建设中产生的废弃物降到最低限度，体现日本在保护生态环境方面的积极态度，建筑师采用了可回收的纸管以及其他相关的纸质制品建设场馆。这种材料的独特运用，既是日本传统建筑对纸运用的现代展示，又是在弘扬民族传统的基础上，宣扬本民族的价值取向、道德规范、聪明才智和勤劳简朴的精神风貌。色彩的选取完全利用纸管和纸质制品的固有色，未加任何装饰性色彩。而媒体馆（图6）环境展示空间的设计，则以众多图书的书脊作为装饰墙面和空间分割界面，表达传统文化的媒介概念。空间中从天花板上悬吊下来的 UFO 形结构的电脑显示屏组合体，反映了互联网即将成为新世纪的媒介主流。形体的选择和情感的

图6
汉诺威世博会媒体馆

图 7
汉诺威世博会冰岛馆

传达都是准确、恰当、到位的，而且用笔干净利落，流畅洒脱。更重要的是，材料在此不仅承担着架构空间和界定空间的作用，而且材料本身在与特定展示环境的特定造型相匹配的同时，被作为重要的信息展示传达载体，充分发挥其质材的特性美和感官的表现力，增强了整体环境空间的审美价值。纸制品的温和亲切、舒适安宁，传递着极富人情味的美感；UFO 形结构表现出的现代感、宜人的流线造型、稳重含蓄的灰色等，都与人的生理结构和特定心理需求相符合，质材的结构和性能与现代人的审美心理和生理结构间形成了异质同构，外界信息的传达和人的内心审美经验达到完美的对接。也就是说，材料的物理性能及给人的审美情感，同人的知觉反映及心理体验产生了和谐的美的共鸣。

水作为造型元素近年来也被大量使用。同是汉诺威世博会的冰岛馆（图7）的设计，以钢结构构成一个表面有瀑布的蓝色立方体，其表面以两层塑料薄膜为外墙材料，内层为蓝色和半透明的，而外层则是透明的，水幕不断至上而下流淌，以此象征这个岛国的地理特征。确切的设色，准确的定位，大胆且富有创造性的材料贴切使用，都使人们产生了强烈的震撼。

## 三、结语

城市建筑空间的情感化、人性化的设计回归，是当代设计艺术和人们生活品质的需要，建筑环境设计关注的主流不再仅仅局限于雕塑、绿化等有形体元素的艺术结构和空间定位，而是更多地趋向于对建筑空间和现代生活空间人文的、生态的多元化关怀，使建筑环境空间的创造更具有人性情感，更符合现代人对环境的审美需求。色彩空间和情感空间作为建筑空间的有机组成部分，受制于建筑的风格、构思、材料、结构、空间等许多方面，但对它们的创造性使用，将会大大改善和提高建筑与人的情感沟通，使建筑在满足人们物质需要的时候，更能得到建筑给人带来的精神愉悦和亲切的感受。

# 地铁艺术的城市表达

文 / 王学艺

公共艺术

地铁

城市文化

URBAN CREATIVITY
AND PRACTICE

**摘要：**

地铁作为城市文化的载体，向世人展示了一个城市的精神文明建设水平和文化品位，它是一种文化上的创新，是艺术家们对城市历史文化表达的一种态度和追求。从 1863 年伦敦第一条地铁通车至今的 150 多年历史中，各个国家都成功而有效地将地铁这一艺术形态发展得淋漓尽致，因此地铁艺术也成了一种不容忽视的表达城市文化的有力途径。

**关键词：**

公共艺术　地铁　城市文化

Urban

Subway Art

当我们漫步于城市中时却可发现这种现象是无处不在的，周围的建筑物仿佛能够讲话，能够行动，正像居住在其中的居民一样，而且通过城市的物质结构，过去的事件，很久以前的决定，久已形成的价值观念等，都继续存活下来并且散发着影响。

—— Lewis Mumford

## 一、地铁艺术的产生与发展

地铁，作为现代城市的重要交通设施已有 150 多年的历史；它是城市地下空间利用最早、应用最广泛的设施。地铁的发展不是偶然的，19 世纪中叶，受工业革命影响，伦敦城市人口急速增长，地面交通已经满足不了当时人们的出行需求，车辆以及人口的增加给城市带来交通拥挤、环境污染与能源危机等一系列问题。为了发展公共交通、缓解交通拥挤，设计者们将路线设置在地下，其速度快、效率高的优点，极大地改善了伦敦的交通状况，给市民们带来了巨大的便利。这一铁路的诞生，使英国和世界其他国家纷纷修建自己的地下铁路，世界地铁得到迅猛发展。

道路、边界、区域、节点、地标是城市学家凯文·林奇根据人们对城市印象总结出的五个要素。随着科技的发展和社会的进步，地铁作为连接城市的"节点"，已不再是单纯的过渡空间，乘坐地铁的人们每天都和地铁站发生密切的联系，它已经发展成为集实用与审美为一体的城市公共艺术空间。城市公共艺术能够集中凸显一座城市乃至一个国家和民族的古往今来，它讲述着城市的故事，延续着城市的文明，通过艺术化的形式影响着人们的思想和行动，让艺术走进生活，将生活艺术化。

设计者们将城市历史与文化固化为公共艺术作品，放置在特定的地铁公共环境中，以此来构建城市环境意向，表达城市精神状态；乘客在换乘和等候的过程中就能够享受该空间艺术带来的美感，从而达到提升地铁建设品质和乘客感知城市形象的目的。因此，世界各国都将地铁这一人类巨大的公共资源倍加珍惜和利用，通过在地铁中融入浓郁的城市文化，使地铁公共艺术成为展示和传播自身城市历史文明与人文传统的有力途径。

## 二、地铁艺术的应用现状

### （一）斯德哥尔摩地铁——最长的艺术长廊

精于生活的瑞典人在设计上通常功能性与情感并重，展现出巨大的生命力与创造力。斯德哥尔摩地铁也开创了车站空间艺术设计的新思路，使其具有浓郁的北欧地域特色。斯德哥尔摩地铁站内的墙壁和天花板大部分都是裸露的岩石，刚进地铁站，也许会唤起人们不安的情绪，冰冷的岩石像是进入了地狱，然而这里不是地狱却是真正的艺术天堂。它拥有几百个独一无二的永久性公共艺术作品，艺术家们希望通过绘画、雕刻、镶嵌等工艺让人们享受其中。这110公里长的艺术长廊现在成功地成为当地的旅游项目，乘客通过搭乘地铁可以真切体会到整个国家的艺术气息和城市文明。

图 1
斯德哥尔摩 "T-centralen" 站

T-centralen 站（图 1）是斯德哥尔摩地铁的核心，T 是 tunnelbana 的缩写，瑞典语中是"地下"或"地铁"之意。隧道站厅内由蓝色和白色的艺术画作组成。鲜艳的深蓝色，月台和铁道都从自然岩石中凿开，墙壁上画满蓝色的巨型树叶，加上特殊的照明效果，恍若置身原始洞穴之中，洞顶则涂抹着各种延展开来的图形，像是植被又像是骨架，所有的这些跟地铁蓝色的门、黄色的车内扶手相互映衬，带来一场色彩的盛宴。

图 2
以彩绘形式绘出彩虹，
为幽暗地下空间增添色彩

除此之外，原始的溶洞、达·芬奇密码、鲜艳的彩虹（图 2）、绿色森林等形形色色的主题创意充满了整个斯德哥尔摩地铁站，这些地铁艺术不仅满足

了居民的使用需求，同时也体现了城市的精神文明状态，成为一个城市的标识。

（二）巴黎地铁——平凡中的艺术

1900 年巴黎开始使用地铁，至今已有 100 多年历史，回味这百年来巴黎地铁的变迁，仿佛一本历史书，生动形象地勾画着法国人民的革命热情与生活态度。有人说："只要搭上地铁，就能看到最真实的巴黎！"可见地铁已经成为展示一个城市状态的窗口之一。

有着卷草花纹的地铁入口（图 3）作为 1900 年巴黎"万国展览会"的展品之一，是巴黎地铁的经典之作，它由法国著名建筑师吉马德（Hector Guimard）设计完成。他将新的艺术形态与现代科技产物相结合，设计了具有新艺术时期的地铁风格。这些地铁艺术品多采用青铜材质，造型上却采用自然界中植物或动物的线条和造型，其线条优美而诡异，仿佛具有生命般从地面生长出来。同时，如花草藤蔓般卷曲伸展的"METROPOLITAIN"新艺术风格字体，呈现在标识牌上，具有识别性和艺术性，其中 Abbesses 站和 Porte Dauphine 站最为著名。

除了具有时代风格的地铁艺术外，以周边环境为主导的地铁艺术也是巴

图 4
"巴士底狱"站
用绘画的方式纪念法国大革命

黎地铁的主要特征。卢浮宫站陈列着的雕塑和艺术品，其灯光和展示都与卢浮宫如出一辙，让乘客没到卢浮宫就已被艺术氛围所感染；巴士底站将站台两侧墙面绘制了"攻占巴士底狱"为主导的壁画（图 4），表现了法兰西人民追求自由、平等、博爱的精神过程。这种以地点线索为构架的，在一定程度上超越了艺术的范畴，它是一种人性的信息传递，用直观的环境信息取代抽象的站名，使游客得到一定的参与性，消除了地下空间的压迫感和单一性。

由于历史悠久，巴黎地铁的站台都比较陈旧，但是其装饰却很有特色，地铁站隧道布满了涂鸦，成为独特的艺术文化，民众的参与以及有历史积淀的精英设计使巴黎地铁展现了它极大的包容性，更体现了艺术大国的开放与自由的思想。

（三）莫斯科地铁——地下艺术殿堂

1935 年，苏联政府出于军事方面的考虑正式开通莫斯科地铁，它的建成准确地呈现了斯大林的权威思想美学：古典主题，巨大的空间尺度，豪华的装饰，纪念柱与庄严性的气氛。正因为莫斯科地铁被公认为世界上最漂亮的地铁，市内每个地铁站都有不同的结构形式、装饰主题，设计者们利用雕塑、壁画、不同造型的灯光环境营造不同的文化环境（图 5）。

图 5
圣彼得堡地铁站

图6
"马雅可夫斯基"站

莫斯科整个地铁系统有 100 多个车站，其中 1938 年建成的"马雅可夫斯基"站（图 6）是为了纪念苏联革命诗人马雅可夫斯基而建，地铁入口处便矗立着诗人的头像，他的目光深邃，使人看到雕塑就能让人想到他的作品。"马雅可夫斯基"站之所以有名不仅在于诗人，更是由于车站的建筑特色。这个地铁站的建筑风格被归为 当时的"斯大林式新古典主义"，前卫的设计理念融入了传统的装饰元素，别有一番诗人般的浪漫情怀。大厅两侧的每座大理石拱门都镶着不锈钢。一盏盏照明灯围成圆形，嵌在穹顶。地面中央的红色大理石"通道"，犹若一条红地毯，仿佛在欢迎每位乘客。地铁站最吸引人的地方是天花板：千万别以为只是灯饰围成圆形这么简单，其实每个圆圈里面都另有风光。这里镶嵌着苏联名画家杰伊涅卡的马赛克壁画，共有 31 幅。整个大厅宛如一座宫殿，该地铁站堪称"20 世纪的建筑艺术精品"。

莫斯科"共青团站"是莫斯科与俄罗斯其他地区的枢纽，是公认最豪华的地铁站之一。该站落成于 1952 年，是苏联时期建筑风格的典范，它的设计主题是展示爱国史，激发民族荣誉感。金色穹顶，水晶吊灯，奢华的大理石柱，再加上精致的浮雕与大厅顶上八幅巨型装饰壁画，使游客仿佛进入到沙俄时代的皇宫。

莫斯科地铁造就了公共建筑的权利美学，它一方面散发着权力的高傲，另一方面又谦卑地提供着公共服务。总的来说，莫斯科地铁保留了浓厚的斯大林时代色彩，展现了 20 世纪独一无二的苏联权力美学。

（四）里斯本地铁——陶瓷美术馆

从 20 世纪 80 年代末开始，里斯本地铁经历了一系列的改建和艺术加工，众多葡萄牙本土或者来自世界各地的当代艺术家，根据不同的站名或者不同站台所处的特殊位置，为每个地铁站量身定做了独一无二的装潢设计，不仅赋予了大众化交通工具特殊的美感，同时也使这个瑰丽多彩的艺术世界摇身一变成为里斯本最大的艺术博物馆。

里斯本城铁公共艺术之所以出名，不仅参与的艺术家够水准、作品够杰出，更因为它忠实地反映了这个城市非常独特的文化传统——"陶瓷艺术"。里斯本陶瓷艺术最有名的是阿兹雷荷瓷砖，这种已被视为葡萄牙文化代表之一的艺术品，是指面积约为 11~18 平方厘米，布满彩绘的小瓷砖，常用于该地区宗教或民间建筑的正面装饰。将这一民族艺术文化形式应用到地铁装饰上，一方面提高了功能环境的艺术品位，另

一方面也展现了里斯本的地域文化。

里斯本城内有四条地铁线路，各有可爱的标志，分别是蓝色的海鸥、黄色的菊花、绿色的帆船、红色的罗盘，显示了这是一个靠航海起家的国家。在里斯本的 4 色地铁内穿梭，如同观看一场当代艺术盛宴。华丽科幻的 Baixa-Chiado 站（图 7）位于蓝线与绿线交接处，是里斯本最大的地铁站之一，其设计者是蜚声国际的葡萄牙建筑师，普利兹克建筑奖获得者西扎维埃拉（Siza Vieira）。全站均是贴着纯白无瑕的小瓷砖，低矮的弧形拱顶天花，简洁的线条和欧洲古老的教堂有几分相似之处，赋予其多重性格的则是墙上的小射灯和通道两旁的灯管，会不时变换颜色。Baixa-Chiado 站到处都有幻灯投射，提供报时、实时的天气报告、滚动新闻和当地文化活动日程等多种信息（图 8）。

1998 年，里斯本举办世博会并为此建设的奥莱尔斯（Olaias）地铁站（图 9），马赛克拼贴的墙面、色彩斑斓的玻璃天窗、现代感极强的红色铁柱子，建筑师托马斯·塔维拉通过自己对材料的理解，用极其现代的手法打造出该地铁站，同时让世界人民记住了这个美丽的国度。

### 三、结语

地铁站公共艺术的产生与发展是一个城市进步的需要，是时代发展的必然产物。作为公共艺术的归属，地铁艺术存在的理想状态不是纯粹的精神和艺术表达，也不是为了视觉观赏而存在，它将地铁艺术发挥到极致，使环境更加有"亲和感"、"场所

感"、"地域感"和"历史感",在此基础上起到信息传达的作用。市民或游客通过亲身体验艺术文化氛围,达到了解城市文明精神状态与历史积淀的目的。

　　一个城市的表达需要太多的符号,积聚众多文化历史的城市,就像是符号的城市。符号作为纽带,连接着人与城市,延续着城市文脉。就像是里斯本的陶瓷艺术,苏联的权力美学等,将此运用到公共艺术中就成了标注城市文化的最佳符号。地铁艺术便是以特有的文化符号表达着一个城市的魅力,展现着城市文明。

# 克里斯托的大地艺术

文 / 肖京泽

克里斯托

大地艺术

包裹

URBAN CREATIVITY
AND PRACTICE

**摘要：**

克里斯托是大地艺术的代表人物，从早期的小物件的"包裹"到后来对桥梁、大厦、岛屿、海岸、山谷的大型建筑和自然的"包裹"，克里斯托给我们呈现了一系列无与伦比的震撼作品，让人叹为观止的艺术创作，这些作品无关乎任何深刻的含义，只关乎欢乐、美感和自由。

**关键词：**

克里斯托　大地艺术　包裹

The Crystal of

Earth Art

## 一、克里斯托及其创作开始

"大地艺术"在 20 世纪 60 年代末出现于欧美的美术思潮，由最少派艺术的简单、无细节形式发展而来，艺术家通畅使用岩石、泥土、沙子等"大地"材料进行创作，作品体量巨大，通常与自然环境和大型建筑产生关系，以其独特的形式传达出一种来自自然的概念性美。年过七旬的克里斯托出生于保加利亚，喜爱艺术，从小就显露出了很高的艺术天赋，后就读于索菲亚艺术学院和维也纳艺术学院，再辗转移民到法国，在那里结识了出生于法国军人家庭的让娜·克劳德，而后与这位日后成为他生活上的伴侣、事业上的帮手、艺术上的搭档步入婚姻殿堂，定居纽约，成了当代备受关注的艺术家。这对艺术伉俪几十年如一日，从最初的以帆布、塑料布、绳索等为材料对桌椅、自行车、人物进行包裹，到后来对建筑、峡谷、岛屿等建筑物和自然界的包裹，完成了一系列难度极大而且造价高昂的大地艺术，成为大地艺术的著名代表。

克里斯托从对小件物品的捆扎到对公共空间的介入的第一件作品《油桶之墙——铁幕》。这件作品创作的背景是在民主德国开始修建柏林墙时，有着逃亡经历的克里斯托对冷战时期欧洲的分裂颇有感触，因而对东柏林当局的这一举措深感愤怒，决定用艺术的方式表达自己对其的态度。于是克里斯托与妻子决定用 204 只油漆桶来封锁巴黎塞纳河边维斯孔迪街，这 204 只油桶保持了它们的原来面目，颜色、公司名字、锈迹等都全可见。在创作这件作品的过程中，克里斯托夫妇没有任何帮手，亲自将它们一个一个地搬运和垒起来。这件短暂的作品因其极具寓意的表达，把公共空间的艺术推向了一个由油桶、街道、人构成的临时艺术作品当中，引起了极大的反响，让他名震法国。而这种转瞬即逝的特性也成了克里斯托作品中的重要元素。对于大型公共建筑的包裹，是发生在克里斯托夫妇定居纽约之后。1968 年，他们受邀参加为庆祝建馆 50 周年的伯尔尼美术馆而做的一个群展。克里斯托用 2500 平方米的薄膜将伯尔尼美术展览馆包裹起来，并用约 3000 米长的绳子进行捆扎。次年，克里斯托又将美国芝加哥当代美术馆用深褐色的帆布进行包裹。在实现了诸多类似的大型建筑的捆扎后，克里斯托的作品这一独特而极具视觉观赏性的表达形式越来越受到欢迎。

在此后的几十年里克里斯托夫妇完成了一系列著名的、庞大的、惊世之作。

二、《包裹海岸》、《包裹峡谷》、《奔跑的栅栏》、《被围绕的群岛》、《包装新桥》

图1
《包裹峡谷》

《包裹海岸》是用 9 万多平方米的尼龙布料和 50 多公里的绳索，将澳大利亚悉尼附近的海岸进行包裹，使海岸的悬崖峭壁被覆盖，嶙峋峭拔蜕变成柔美神秘，呈现出一片未知的朦胧。也正是这件作品的问世，使他们在国际上广为人知。

《包裹峡谷》（图 1）是用了 3.6 吨的橘黄色尼龙布，在美国科罗拉多大峡谷进行悬挂，在相聚甚远的两个山体斜坡的 U 形峡谷间，巨大的橘黄色幕布横拉在其中，这一巨大的工程，尽显艺术的壮丽之美。

图2
《奔跑的栅栏》

《奔跑的栅栏》（图 2）是用长达 24 英里的白色尼龙布在美国的加利福尼亚马林和索诺马县山区到太平洋岸边的山丘上，架设的一道栅栏，顺着地势绵延 20 多英里的白色栅栏，宛如一道绵延在群山上的白色长城。

《被围绕的群岛》（图 3）是克里斯托夫妇"包裹艺术"的又一大型化的创作，他们受法国印象派画家莫奈的作品《睡莲》的启发，用粉红色的尼龙布将美国迈阿密海面上的岛屿进行围裹，从空中俯瞰，在蓝天碧海下，这 11 座小岛屿犹如绽放的硕大睡莲。

图3
《被围绕的群岛》

《包装新桥》克里斯托花了 14 天的时间，用沙砾色的布将法国新桥包裹了起来。这座桥建于 1606 年亨利四世的统治时期，连接着塞纳河两岸，这个地方两百多年来一直是巴黎的心脏区域，是巴黎历史的见证。这件作品让大桥一改往日的形象与功能，形成一个震撼的视觉语境。

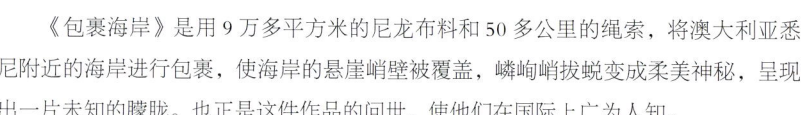

图 4
《伞—日本——美国》

克里斯托夫妇在空间上最大的作品应该是在 20 世纪 90 年代创作的《伞—日本——美国》，因为这件作品（图 4）同时在日本的茨城县和美国的加利福尼亚的田野山坡上进行创作，跨国跨洲，在太平洋的东西海岸进行对话。这个创作，不像之前的作品那样进行"包裹"，而是分别在两地插上 1340 把蓝色和 1760 把黄色的高 5 米、宽 6 米、重 200 公斤的大伞。这些大伞绵延数十里，在两地起伏曲折的地形上，密集缓和的分布，配合着两地独特的地貌景观，形成强烈的对比。克里斯托夫妇利用东西半球 17 小时的时差，让两地的伞在太阳升起的同一时刻打开，两地的伞在太平洋两岸同时盛开，空间上相隔万里，蔚为壮观。空间上如此大规模的创作，在日本和美国两地都引起了巨大的轰动。

## 《捆扎国会大厦》

从 1971 年这一想法诞生到 1995 年作品得以最终实现，克里斯托夫妇用了整整 24 年的时间，不断的申请、游说、等待，做了大量艰辛而复杂的工作，最终在德国议会投票表决中以 292 票对 223 票，成功获得通过，这一历经 24 年的伟大作品终于得以问世。德国柏林的国会大厦于 1894 年建成，到克里斯托实现"捆扎国会大厦"

这一作品时，这座建筑已经经历过了 100 多年的风雨。从 1894 年德意志帝国时期建成，就成了帝国权利的象征，建筑风格也富有时代特色，被称作"威廉风格"；到 1919 年，德国成立共和国，国会大厦也就成了"魏玛共和国"议会所在地，成为共和国民主的象征；1933 年纳粹利用国会大厦的一场大火，走向独裁，国会大厦作为议会所在地的代表的议会民主制度也遭到了纳粹的践踏；直到 1945 年，两名苏联红军战士将红旗插上硝烟弥漫的国会大厦屋顶，这经典一幕，标志着反法西斯战争的胜利和德意志第三帝国的灭亡；战后的德国在原址重修国会大厦，作为国家议会所在地；冷战时期，离柏林墙只有几十米远的国会大厦也成了冷战局面的象征。国会大厦经历与见证了德国历史的百年风雨，也正是由于国会大厦特殊而强烈的政治意义，使得克里斯托本人对国会大厦产生浓厚的兴趣。1995 年 6 月 17 日，国会大厦被银白色的尼龙布料和深蓝色绳索缠绕包裹起来，变成一座巨大的银白色的雕塑，柏林当天艳阳高照，国会大厦，反射阳光，矗立在大地上，呈现出闪耀的壮阔之美，流动的、带着反光的布料在空气中随风飘荡，建筑上的窗户、小雕饰及其他装饰全被忽略了，只有最基本、最抽象的形状被强调出来。"那些琐碎和平庸的东西都不见了，只剩下建筑最本质的比例被呈现出来"，成为一件精彩而独特的艺术品。在短短的十几天的展出时间里，吸引了大量的游客，纷纷前来欣赏这一不可言传的震撼。克里斯托的这件作品无疑获得了巨大的成功，正如柏林市长艾伯哈德·迪普根所说："克里斯托和克劳德为柏林市创造了如此精美绝伦的艺术。这是美妙的、盛大的、成功的节日，将令人在几十年中留下极为深刻的印象"（图 5）。

图 5
《捆扎国会大厦》

## 《门》

如《捆扎国会大厦》一般，《门》也是历经磨难，克里斯托夫妇筹备了 26 年，在遭遇两任市长的否决，等待数届市长的轮换后，2005 年终于得到纽约市政府的批准得以实现。在纽约还是数九寒天，覆盖着一层厚厚的白雪的时候（图 6），位于市区的中央公园，却人头攒动，热闹非凡。克里斯托夫妇在中央果园的走道上，根据地形，每隔 3~5 米的距离，树立起了 7503 个高度 4~5 米的玻璃钢门，每

图6
《门》

图7
《门》

道门上都悬挂了一块橙色帘幕，蜿蜒伸展 37 公里，穿越整个中央公园，在白雪皑皑的背景衬托下，在公园的树丛中若隐若现，呈现出一条亮丽的橙色长河。7503 个橙色的门框上，垂挂着 7503 幅橙色的尼龙幕布，在阳光的照耀下，随风起舞，如同橙色河流里的一道道波浪，给寒风凛冽，万木凋零的中央公园带来了无限生机，在这一道道橙色的波浪下，行人川流不息，而这"川流不息的行人"正是克里斯托夫妇创作这件作品的灵感，本想在曼哈顿利用摩天大楼创作作品，但是后来发现，曼哈顿是行人最多的地方，于是他们想到了在公园散步的人们，《门》（图7）也就应运而生了。虽然对《门》这个作品褒贬不一，但是无疑这件创作是客观成功的，《门》在中央公园展出的短短 16 天的时间里，吸引了大量的游客，与之相关的旅游产品也给中央公园带来了不菲的收入。但是，克里斯托夫妇不提取公园收入的一分钱，就连在创作作品时，这对年过七旬的老人，也是亲自奔走于中央公园几十公里的小道上。创作一件作品需要耗费这对老人许多的精力和财力，正如他们其他的作品一样，《门》这件作品的造价也不菲，但是投入全是来自于这对艺术伉俪的自费。有人提出是否有赞助时，正如克里斯托夫妇所说："只关乎欢乐与美感，艺术家应该是自由的，不应受赞助人意志的干扰"，"我们并不富裕，但是为了自己的作品，我们可以卖掉除了儿子以外的一切"。这件纽约历史上规模最大的艺术品，正如市长布隆伯格所认为的：它能与罗马梵蒂冈的西斯廷教堂、贝多芬的《第九交响曲》以及《飘》相媲美，是一件"永恒的杰作"。

### 三、令人尊敬的艺术家

克里斯托夫妇每件实现的作品无疑是前所未有的震撼。就每件作品本身而言，其大胆的想象和展现时作品的构成，都是让人眼前一亮的。作品不仅本身在时间上的短暂和空间上的特殊及"包裹"的艺术语言，形成了作品独特的表达方式，每件作品在其特定的环境中的创作及其历史文化背景等因素，也成为作品的一部分。《包裹海岸》、《被围绕的群岛》中，海、岛、阳光、岩石、城市背景，水中参观的游艇、船，空中参观的人；《包裹峡谷》、《奔跑的栅栏》中，光、山、石、风、特殊的地形等自然元素；《捆扎国会大厦》中，国会大厦本身包含的特殊历史和意义，参观的数以万计的人群，以及参观人群自发的一些艺术表达方式；《门》中，寒冷的天气、雪白的大地、萧瑟的环境、中央公园、川流不息的行人等这些元素无疑也是构成克里斯托夫妇作品"震撼"的重要组成部分。当然最主要的构成，就是克里斯托夫妇创作每一件作品的过程。这些"浩大的工程"每一件无不需要极大的精力、人力、物力和时间，更是要涉及政治、经济、法律、外交、消防、环保、交通、安全等各方面申请、游说、谈判、协商。《捆扎国会大厦》用了 24 年的时间，历时几届德国政府，经过大量的申请、评估和辩论；《门》花了 26 年的时间，历经几届纽约市长的更替，等等。他们会将作品开始构思的年份标在前面，而将作品最终完成的年份标在后面，以表明创作一件作品的整个时间跨度。正如克里斯托夫妇自己所言："我们的团队里有工程师等各种各样的技术工作人员，还要雇佣律师、社会学家来为我们获'许可证'，所有项目获取途径都不一样，还要同时为几个项目绞尽脑汁。这个过程中，帮助我们的人以及阻止我们的人，形成了作品本身蕴含的巨大能量。"克里斯托说："我的创作几乎总是濒于不可能的边缘，但这正是令人兴奋之处。我面前的道路总是显得十分狭窄，每一件作品都是一个充满风险的艰难过程。"创作复杂之程度，牵涉范围之广泛，创作过程之持久，无不超越了一件单纯的艺术作品本身。这复杂而艰难的创作过程，使他们展示于众人眼前的也就仅仅19件作品。也正是这个艰难持久的创作过程，使得克里斯托夫妇的作品呈现出"无与伦比的震撼"。

克里斯托夫妇所创作的作品都是短暂的，每件作品都只在短短的创作之后，就转瞬即逝，并且是永远的消失，都会不留痕迹，一切都会恢复原貌。正如他们自己所言："我们的作品都是关乎自由的，是对自由的呐喊，自由的敌人是拥有，因此消失要比存在更永久"。"是一种可以在任何地方、任何方式、用任何方式来实现，但却不是在任何时候的自由。就像转瞬即逝的彩虹、孩子的青春，没有人可以占有它，没人可以购买它，它就在那里，没有人可以征收门票，没有人可以控制它，它就像我们自己的生命那样，无法重复"。所以，他们从来不会接受任何形式的赞助，创作这些震撼的艺术作品，需要高额的费用，但是所有的费用都来自于他们自己，是靠他们出售自己小型包裹作品以及其他作品准备阶段的草图、习作、模型等得来的经费。克里斯托夫妇是一对值得尊敬的艺术家，他们分文未取作品展出时所带来的收入，观众来参观他们的作品也从来都是免费的。他们追求的是"自由"，艺术创作的完全自由。这是他们的信仰，也是他们的选择。他们选择创作地点，选择创作的内容，选择展出的时间，表达他们想要表达的情感，做他们爱做的"关于欢乐和美感"的作品，无论去不去看，它都静静地在那里，这就是"自由的呐喊"。

# 可移动的生态高科技

## 集装箱建筑

文 / 王丽娜

低碳建筑

集装箱建筑

生态平衡

URBAN CREATIVITY
AND PRACTICE

**摘要：**

近年来低碳建筑与低碳设计的课题受到社会各界的广泛关注，集装箱建筑作为低碳建筑的新领域是促进生态平衡的有利技术，也是本文的研究重点。本文收集了大量的资料，从集装箱建筑的定义、特点、优劣性及用途、建筑时的注意事项等多方面来进行阐述。

**关键词：**

低碳建筑　　集装箱建筑　　生态平衡

Container

Construction

## 引言

国外集装箱建筑经过 20 年的发展，在西方国家已经形成集装箱建筑的专业设计市场、拥有集装箱建筑技术专利的建造企业以及成熟而完备的市场。集装箱建筑设计市场尤其是西方发达国家，针对集装箱改造建筑进行设计已经成为一种规模化的设计市场。这其中包括了众多的设计事务所以及个人建筑师。但在我国这方面总体尚在起步和发展阶段，本文对集装箱建筑从多方面进行分析。

## 一、何谓集装箱建筑

集装箱是指具有一定强度 、刚度和规格，专供周转使用的大型装货容器。近年来，随着市场经济以及经济全球化的发展，集装箱的广泛使用也使集装箱变成一种危害环境的重要物质。大量废弃的集装箱的堆砌，造成了资源环境的极大浪费，给生态的健康发展带来极大的威胁。集装箱建筑由集装箱拼叠搭建而成，由集装箱所改装的并不只是传说中的"民工房"。各国优秀的建筑设计师投入到集装箱建筑的热潮，不仅把集装箱改造成为建筑，而且加上各自的建筑风格，灵感设计把原本的环境污染物设计成人见人爱的标志性建筑。而今，集装箱已经被广泛应用到建筑领域，建筑设计师把集装箱像乐高积木一样进行搭建，组合成人们喜爱的房子造型，并创造出舒适可居住的空间。

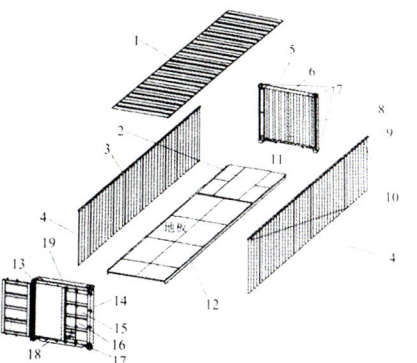

1.顶板; 2.鹅颈槽; 3.顶侧梁 4.侧板 5.前墙板 6.前 ; 7.角件 8.前柱; 9.顶侧梁; 10.通风器; 11.前槛; 12.底侧梁; 13.角件; 14.后柱; 15.门（门封胶条）; 16.锁杆; 17.角件; 18.门槛; 19.门

**图1**
**集装箱装卸分解图**

## 二、集装箱建筑作为低碳建筑的特点

### （一）优势分析

集装箱是一种按照规格标准化生产的箱体货运设备，可反复使用，并具有一定强度、刚度和整体性，便于机械装卸（图1），正是由于集装箱的规格标准化，整体便于拆卸的特点，使得其作为建筑材料时能更好地进行规划设计和使用。新时期低碳等新型设计的建筑发展对低碳、低成本、快速建造、可拆卸等方面提出了较高的需求，成了低碳建筑设计领域的一个崭新课题，而集装箱正好具备以上种种需求。于是集装箱很快发展成为新兴的低碳建筑领域的佼佼者，并很快传播到世界各地。同时，由于集装箱具有方便且进行转移运输的性能，因此大大扩展了它在世界各地的传播和使用。

（二）多功能化

建筑施工中对集装箱进行利用，主要是因为其具有非常好的便于拆卸和便于运输的性能。另外，从材质方面来看，集装箱一般都是由钢质下料做成的，具有牢固性，而且非常的稳定。因此，在防酸、防碱和防水、火方面的性能均非常好。同时，集装箱建筑也具备了非常好的抗震性，而且在抗变形性能方面也非常好，这样的性能在地震等灾害发生时非常适合用来做简易房的建筑，既方便又安全，还能非常快速地满足极大的需求量。另外，集装箱建筑具备很好的密封性能，在制造工艺方面进行了严格的要求，因此，其具有很高的防水性能。低碳环保的主要表现就是实现了建筑材料的可回收性，可以进行二次利用，同时不会产生建筑垃圾，对环境没有污染。集装箱建筑结构在建设成本方面非常低，而且施工时间非常短，因此，能够减少建筑物的施工量。建造的速度非常快，组装非常灵活，使其具有广泛应用的效果。集装箱的使用时间通常比较短，但是，其在以后还能被利用，因此，也受到了很多建筑企业的重视。和传统的建筑砖混结构房屋相比，其减少了施工中建筑材料的使用量，同时，也减少了水资源的使用量，因此，在一定程度上对能源进行了保护。建筑时间短、成本低、无污染都是其能够得到广泛应用的重要因素。

三、集装箱建筑的技术要点

集装箱本是用于运输货物，现用于建筑材料时需要在技术上注意以下几方面：第一，保温的设计。为保证基本的居住环境，保温是必须解决的问题，集装箱多以钢材为原料其本身的保温性能极差，为满足人们正常的居住要求，需要在原来材料的基础上增强其保温性能材料的添加。第二，连接节点。由于集装箱规格的固定性在作为建筑材料时虽有其优势性，但同时也对集装箱之间的连接提出了要求，考虑到集装箱的材料一般情况下多以焊接为主。另外，考虑到焊接的较大工作量也有拼接操作简单的角件连接、短柱垫件连接和角柱连接。

### 四、集装箱建筑的用途分析

集装箱在全世界范围内主要用来运输货物，但近年来集装箱已经被广泛应用到建筑领域，像乐高积木一样，可以轻易组合成人们喜爱的房子造型，创造出舒适可居住的空间。

#### （一）临时安置房

图2
临时安置房

集装箱建筑因其快速性和便于移动性成为临时安置房的最佳选择（图2）。另外如受灾地区以集装箱建筑作为临时安置房更能环保，节约资源，集装箱作为灾区物质运输的载体，将物质运输完后即可作为建筑材料，经过二次使用，不仅仅是成本上的节约，更重要的是节能环保，提高利用率。在较好地解决受灾地区的住房问题的同时，集装箱其材料本身的防火、防水、防震的优越性也是短时间内别的临时安置房所不能代替的。

#### （二）公共建筑

图3
游牧博物馆

集装箱建筑作为一种节能环保的新兴建筑，由于其材料的规范性以及移动的方便性，在各国著名设计师的构思下涌现出了各种各样的公共建筑物，如：日本建筑师坂茂对集装箱这种结构工具在建筑设计上的应用做过深入的研究。2005年他设计的纽约游牧博物馆（No-madic Museum)是世界最大的移动博物馆。"游牧博物馆"是一座临时性的艺术展区，2005年春季以来一直设在纽约，2006年1月14日搬到了加利福尼亚州的Santa Monica，当时博物馆正在展出一个名叫"尘埃与白雪"的巡回展，是由艺术家Gregory Colbert拍摄的大型图片展。这座博物馆由152个钢制的集装箱堆成棋盘形，高34英尺。从纽约运到加州的时候，展览物摆放在了12个这样的集装箱里。据悉，56000平方英尺的博物馆还将被分解，再运到东京、柏林和巴黎等地（图3）。

### （三）公寓、住宅

集装箱建筑在人们的印象中一般都是简易的、规则的、统一的印象，但是在建筑设计师的设计下它常常是多种多样的。近日，澳大利亚一名建筑师米勒（音译，Todd Miller）却反其道而行，利用 31 个全新集装箱建成一座 3 层豪宅，售价达 142 万美元。据悉，这栋集装箱豪宅坐落在格雷斯维尔（音译，Graceville）郊区，可俯瞰布里斯班河，在布里斯班市中心西南部约 8 公里。该集装箱豪宅内有 4 间卧室，还配备有健身房、艺术工作室及海水泳池等。为配合当地多变的天气，房屋采用了旋涡式设计，集装箱表面又涂上 13 层反光隔热油漆，全年都不用开冷气（图 4）。

图 4
米勒设计的集装箱豪宅

### （四）经济型酒店

上海集装箱建筑群消息曝光后引发广泛关注，几间主题酒店房间引起了广泛关注。1. 旅者最爱——迷你移动胶囊房，它是用一只标准 20 尺旧集装箱改造而成，总面积不到 15 平方米，真可谓麻雀虽小，五脏俱全。2. 情侣最爱——英伦风主题房，该客房设计是由 2 个 20 尺集装箱改造而成，面积近 30 平方米。时尚的家具设计赢得众人的喜欢，里面主要分为洗手间和卧室两部分（图 5）。

### （五）品牌概念店

由于集装箱建筑的低成本、易拆卸、时尚新颖的特点，使其受到许多品牌概念店的青睐，在一定程度上也引起了商业的革新。如：巴西的拖鞋品牌 indaia 的专卖店、澳洲的第一咖啡品牌 Gloria Jean's Coffees 等就是其中的典型代表。

### （六）办公单元

在办公建筑中，有应急救援的作用，在美国设计的紧急救援办公室，其功能主要是作为一个远程的检测点和管理工作使用。在屋顶上方装置有太阳能光电板，并且建筑具有灵活性，可移动。在屋内设置环境检测系统，在环境恶劣的情况下，可以作为发电机使用。

图 5
集装箱经济型酒店

## 五、结语

新时期建筑发展对于低碳、低成本、快速建造、可拆卸等需求，成了建筑设计领域的一个崭新课题。由于集装箱建筑是一个较新的领域，国外已经做了许多大胆的尝试，但在国内，总体尚在起步和发展阶段。因此，本文收集了大量的资料，包含的内容将会比较宽泛，从多方面对集装箱建筑这种新兴产业做出分析研究。

# 03

城市
创意
设施
意
施

城市·创意·实践

URBAN CREATIVITY AND PRACTICE

，

CNU

城创设 市意施

# Creative Facility

# 细致入微的城市创意

## 日本井盖设计

文 / 郁燕飞

日本

窨井盖

设计　城市　创意

URBAN CREATIVITY
AND PRACTICE

**摘要：**

窨井盖是城市公共设施的重要组成部分，日本的设计师在窨井盖这方寸之间进行了创新与创造，构筑了城市创意的重要组成。本文通过介绍窨井盖的图案设计由来、井盖设计的图案种类剖析井盖设计的历史功能和社会功能以及井盖文化形成的原因。

**关键词：**

日本　窨井盖　设计　城市　创意

Japan

Manhole Cover

创意这个词从 21 世纪开始逐步成为全球经济发展和社会发展的主题，从我们熟悉的日常生活到我们不熟悉的国外经济变化发展都与创意紧密相连。创意城市一时间取代了可持续发展，迅速成为城市发展的一种新模式。创意城市离不开城市中的创意元素和城市公共设施的创意实施，如此这个城市才能从中散发出动人的魅力。日本在城市公共设施的创意方面做得比较好。

窨井盖是城市基础设施的重要组成部分，在城市中随处可见，它的数量之多，可以说走几步就可以看到一个，是城市里最不受人关注的，但也是城市里最不可缺少的"零件"。它以庞大的数量遍布在城市的大街小巷，牵系着家家户户的生活，满足城市发展的基本功能需求。当人们满足基本功能需要之后务必会追求其形式上的美感，从而出现了各式各样的窨井盖文化。

行走于日本的大街小巷，各种各样图案的井盖设计让人耳目一新。日本的窨井盖设计在亚洲乃至欧洲都是领先的，窨井盖的设计使城市的公共设施充满了创意和设计感，让行走于其间的人们感受到创意无处不在，同时让城市也充满着艺术创意的气息。早听说日本人很关注细节，设计非常人性化。了解日本的工业设计、建筑设计等领域的话总是为设计师细致入微的设计感叹与感动，他们在设计的过程中对使用者的考量是近乎完美的"设身处地"。所以，日本的创意是在细致入微的考量之上的创造。

例如：新大阪站的停车台，有指示性的乘车入口，有盲道的等待位置，还有防止女性性骚扰的专用乘车时间的标识。对各类人群的不同的需求都有进行具体的考量。这些设计创意都是设计师细致与严谨考量之上的创造。日本的城市公共设施的设计不仅是细致和严谨，同时充满了人性化的考量。例如，在日本市政府的厕所里就有专门设置的婴儿座椅，妇女上厕所不用为孩子的安置烦恼，还设有老人拐杖的放置装置。我们不得不感叹日本设计的细致入微和人性化的考量。

窨井盖的设计亦是如此，据悉很多国家的窨井盖都会产生噪音，盖面和路面贴合不够紧密，造成路面的不平整。但是这一问题在日本得到了很好的解决。在 20 世纪 70 年代，由于市民对噪音的抗议，制造商改进了井盖的造型，将原来的圆柱形改成了圆锥形，并将厚度方向的垂直面改成一定倾斜角度的斜面，这样增强了与路面的吻合度，成功解决了噪音问题。

　　日本的窨井盖设计可以说是实现了功能、形式、材料、情感、审美等的统一，同时也关注了人、物与环境三者之间的关系，更好地服务于城市中的人们。窨井盖作为城市公共设施的一个重要组成部分，设计师将它的形式美感更加强化，使得城市中人们的审美意识得到了有效增进。同时也是日本地域文化、历史、宗教、经济、政治、民俗等方面的集中体现。下面具体介绍一下日本的窨井盖设计：

### 一、日本窨井盖的图案设计由来

　　日本窨井盖盖面图案的设计不是一开始就如此，它也经历了一定的发展历程：19世纪50年代末，日本东京的工程师为了增加路面的防滑作用，改善井盖的表面纹路，增加了一些凹凸图案的设计。主要原因是在梅雨季节，行人与车辆在井盖上滑倒的事故屡有发生，而增强表面摩擦力不仅很好地解决了问题，还更加美观，所以这些工程师把这样的井盖带到了其他小城市和地区，至今在一些小城市里还能看到写有"东京设计"或者"NAGOYA设计"的井盖。但是"在窨井盖上使用漂亮图案"这一优良传统是在19世纪80年代，由一个叫YasutakeKameda的日本人开创的。YasutakeKameda是当时日本国家建筑事务所的一名建筑设计师。在当时，日本的城市下水道系统和现在的中国情况类似，成本昂贵，却毫不显眼。为了让这项庞大的"政府工程"受到更广泛的民众关注和普及，YaustkaeKameda想到了"让井盖表面更加视觉化，更加吸引眼球"的想法。因此，他鼓励各个城市、乡镇和农村自行开发具有本地特色的窨井盖设计。渐渐地，个性的窨井盖在全日本流行了起来！

### 二、日本窨井盖盖面图案设计的种类

　　日本的窨井盖的盖面图案设计也是颇具创意，目前日本的1780个自治市有6000多种不同的窨井盖设计，还建立了井盖博物馆和井盖协会。在日本井盖是

图1
大　樱花怒放井盖

受法律保护的，并且当地的人们都以此为荣。

日本窨井盖设计的图案种类很多，主要分为以下几种：

（一）以植物和花卉为设计元素或题材

日本的各个地区都有自己的区花，像大阪是赏樱花的胜地，所以在大阪的很多窨井盖都以樱花为主题或者为设计元素的。例如：大阪樱花怒放井盖（图1）设计者利用樱花和大阪有代表性的建筑形象做出像我们中国剪纸的阴阳刻的形式，通过铁质井盖的光滑与粗糙的凹凸质感变化，增加井盖的摩擦力。

（二）以风景名胜为主题的窨井盖设计

日本的很多窨井盖都是以地方的名胜或者是著名的建筑为主题设计的，有本色的也有彩色的，人们看到这样井盖对地方的名胜和主要建筑也有一个感官上的初步认识，并突出了地方特色。

图2
以动物为主题的井盖

（三）以动物为主题的窨井盖设计

井盖设计中的以动物为主题的设计也很多，有可爱的小熊、小松鼠、小鹿、小浣熊（图2），还有日本人眼里神圣的朱鹮。在以动物为主题的设计中值得一提的是以鱼为主题的设计。在1977年，冲绳首先采用了鱼形花纹的井盖，这种做法很快风靡全日本，各地均推出了自己的"个性"井盖。而第一个制造鱼形花纹井盖的模具工人神山宽盛，则获得了日本政府颁发的"现代名工"奖。

（四）以卡通漫画为主题的窨井盖设计

图3
以漫画为题材的井盖

在日本，漫画基本是家喻户晓的，人人都在看漫画，而且没有一个国家能将漫画深入到如此程度，在日本无论大人小孩都看漫画，日本的漫画产业已经成为日本经济的重要组成部分。日本的漫画就好像中国20世纪五六十年代的小人书一样风靡。在日本看漫画也成了大人小孩茶余饭后的主要娱乐方式（图3）。

（五）消防井盖的盖面设计

单把消防井盖作为一类来介绍是因为日本的消防窨井盖设计非常有特点（图4），

盖面设计中多采用卡通的消防人员形象，并采用黄色和红色醒目的颜色，很有趣且让人一目了然。

（六）抽象图案的运用

有一些井盖设计采用抽象派的图案设计，让人觉得井盖的设计充满了现代感和时代感。同时也使得井盖设计的图案种类得到了更加丰富，不仅是人们熟悉的卡通形象和建筑名胜风景还有现代艺术设计（图 5）。

图 4
以消防为题材的井盖

### 三、日本窨井盖设计的功能

针对窨井盖的功能日本的工程师进行了不断地创新和扩展，具体包括以下几方面的功能：

（一）使用功能

作为公共设施使用功能是其第一效用。公共性的设施，通过使用功能服务于大众保障城市的正常运转是其基本功能条件。虽然目前日本的窨井盖设计多种多样，五花八门。但其使用功能作为公共设施的最主要的功能始终是要放在设计的第一位的。

图 5
抽象图案的井盖设计

（二）审美功能

日本的窨井盖设计不仅是城市公共设计的重要组成部分，同时由于日本对窨井盖盖面的设计使其功能性得到上升和扩展。图案的丰富性和色彩的民族性都得到了很好的体现，使窨井盖成为日本城市的创意点和城市的景观。它不仅仅反映了整个城市的地域性文化风貌，同时展示了城市的文化特征。日本窨井盖的审美功能主要表现为井盖盖面的图案和色彩的艺术性。作为城市的重要组成部分参与了城市景观的构成，反映城市的历史、地域文化、公众审美心理的内涵。窨井盖盖面的设计起到了丰富和强化城市特点的作用。比如，我国的很多城市的井盖设计就不具备审美功能，只具备使用功能。

日本的井盖设计不仅具有城市一般设施的普遍特征，又体现城市文化特色的最具创造力和亲和力的要素之一，更是日本城市整体环境中不可缺少且十分重要的组成部分。因此，日本公共设施的审美功能不仅符合了设计师或公众的美学要求，从根本上提升了城市的创意和整个城市的艺术气息，同时增进了城市的景观性和人与物之间的亲和力。

（三）文化功能

任何一个城市的文化都是通过各种建筑风格、景观规划、环境公共设施等区别于其他城市。环境设施在反映城市特征和文化意蕴以及该民族文化特性的过程中发挥着重要的作用。日本窨井盖设计是在特定的形态中进行图案及色彩的设计与创意，并形成了整体的风格。反映了特定环境下的文化、历史、宗教、民俗以及地域性文化的源流。窨井盖的设计在日本特定的文化背景下受到历史、宗教、民俗等的影响才呈现出具有日本本土特色的独具匠心的井盖设计。例如，日本东京和奈良市的井盖设计就有很大的不同，不同的井盖设计作为一个地区的文化展示，既丰富了人们的视觉审美语言，让人们便于识别和记忆，又丰富了环境中文化的传承和内涵的体现。

（四）娱乐功能

在日本有将近 6000 个不同的窨井盖设计，很多旅游者都以找到不同的井盖设计为乐趣。井盖设计采用不同的创意元素和创意动机，很大程度上激起了人们的求知欲和好奇心，这样的心理对一个城市的发展和提高城市的文化传播起到了潜移默化的作用。同时，人们在寻找的过程中体会到的乐趣也体现了井盖设计的娱乐功能。而今，井盖设计已经成为一个艺术创作作品，它的受众群在体验艺术作品的过程中，从心理与设计师产生了某种共鸣，身心得到了愉悦，也是井盖设计娱乐功能的体现。

（五）导向功能

日本的井盖设计在导向功能方面是多方面的，主要有以下几方面：

### 1. 方向的导向作用

在十字路口有很多井盖的盖面设计采用方向指示的设计主导思想，通过文字和图案对人们起到了方向的引导作用。让陌生的城市来访者能够通过井盖来确定要往哪去，而不是指路牌。这样的设计使得城市中充满了人性化的考量，让来到城市的旅人倍感温馨。

### 2. 消防管道的警示作用

日本的很多消防管道的窨井盖盖面设计都采用非常醒目的色彩设计，在紧急情况下可以让人们一目了然。非常醒目！这是日本井盖设计的独创，同时也充分体现了日本设计师细致入微的设计考量，以人为本的设计理念。

### 3. 紧急避难所的指引导向作用

日本是个自然灾害频发的国家，有很多地下的防空洞或者是避难所，也是通过井盖进入的。这些井盖的设计采用固定的颜色和固定的标识图案，并且距井盖的距离也通过地面铺装的颜色对人们进行引导。这使人们在危难的时刻很容易找到避难所的入口。这非常的必要和有效！

## 四、结语

日本的窨井盖设计的创意发生之初是为了解决城市公共设施的使用功能，在解决了使用功能之后建筑设计师又提出了更高的要求，使得窨井盖的设计更具视觉化。在很大程度上推动了日本设计文化的发展。日本位于太平洋的西部，国土面积比美

国的加州还要小一些，75% 的陆地被未开发的山脉覆盖，15% 的土地用于农耕，这样就仅有 10% 的陆地用于民居，这对于 1.27 亿日本人来说显得十分的局促。由于这样的地理概况及土地面积的稀缺，同时受禅宗思想影响的日本人形成了特殊的民族设计观念——"大处着眼，小处着手"。这令日本的设计大到城市的环境，小到一个路标，不仅有广博之美，也有着精致之美。在环境设计上非常重视环境中各种细节的处理，对于各种近人尺度的建筑细部、环境细部以及相关服务设施等都考量的非常周到详尽。这些不起眼的细节设计，不仅给人们日常生活带来方便，而且提高了城市整体环境的质量。就如窨井盖的设计，它看似是城市公共设施不起眼的存在，但经过设计师的创意设计却成了城市创意的重要组成部分，是城市公共设施与艺术品创作完美结合最为精彩的表达。它体现了日本设计中以人为本、细致入微的人文关怀，也充分体现了日本艺术文化的历史性、民族性和多元性的特点。

# 坐 与 座

## 谈城市创意雕塑座椅的设计

文 / 张园园

城市创意

雕塑座椅

功能　形式　创意设计

URBAN CREATIVITY
AND PRACTICE

**摘要：**

文章用"坐"与"座"之间的关系类比公共空间中的雕塑与座椅、功能与形式之间的关系，阐释了雕塑座椅设计中功能与形式的关系及其所具有的重要意义。笔者通过整理国内外雕塑座椅的历史发展与设计实践，系统化分成不同形式、地点、时间等五组案例，旨在探讨城市雕塑座椅设计的创造性思维方式，并以此论证雕塑座椅在建造创意城市中的重要作用。

**关键词：**

城市创意　雕塑座椅　功能　形式　创意设计

Urban Creativity

Sculpture Chair

## 一、雕塑与座椅

"坐有其位，坐有所依，坐有所视，坐有所安"[ 刘永德，（日）三村翰弘、川西利昌等（《建筑外环境设计》[M]. 北京：中国建筑工业出版社，1996：46），这是古人对于满足人们坐这个动作的具体阐释，当然这也符合现代人机工程学的重要设计原则。"坐"专指坐这个动作，"座"更侧重于名词的座位和量词的座。"坐"是"座"的本字；有了"坐"之后才有了"座"；"坐"是功能，"座"是形式。自古坐与座涵盖于社会生活的各个方面，随着城镇化的迅速发展，坐的功能和座的形式也发生了新的变化，多功能与创意性越来越明显。公共座椅在城市生活中是必不可少的一部分，雕塑也属于城市规划中的重要组成部分，在公共环境中，当雕塑与座椅相遇，功能与形式融为一体时，雕塑座椅诠释了城市构成部分之间的共生之美。

雕塑为公众而生、为社会服务，从建造之初就等待着人们去欣赏、品评和体验。存在于公共空间不同于绘画等二维艺术空间中，趣味性是必不可少的。而雕塑座椅还具有实际的功能性，必须要符合人机工程学的具体设计原则，不仅仅停留在被大众品读的层次，应该更加重视所具有的工业产品性质。扬·盖尔曾说过："毫无疑问，户外生活比任何建筑构思的组合都更加丰富，更激动人心，也更有价值。"雕塑座椅在户外生活中扮演着重要的角色，不仅丰富了人们户外生活的色彩，而且给公众带来了趣味性，增强了与公众的交流、互动和体验，在一定程度上为社会文化建设做出了潜移默化的作用。

在历史的层面上，雕塑座椅的发展趋势较突出地反映了座椅的形式因功能而改变，并且功能与形式在发展中相互促进。雕塑座椅在公共生活中也增进了人与人之间的沟通，抛弃了单个形式或者无交流状态的纵向发展，真正实现了艺术生活化、生活艺术化的发展，丰富了城市生活。

图1
诗之椅

## 二、城市中的雕塑座椅

在城市中，具有创意的雕塑座椅与人们的社会生活密切相关，艺术家从社会生活中得到灵感，从公众的需求中完善功能，从公共场所中准确定位。雕塑座椅带着更加亲民的艺术气息走进我们的生活，具有创意性的雕塑座椅设计得到了更广泛的关注。

### （一）诗之椅与BookBench

在 2011 年英国设计师 Paul Cocksedge 负责的北京国际设计周暨第一届北京国际设计三年展的大型装置"诗之椅"（图1），作品的形式是由对中国造纸术的敬意而来。这些彼此相连的巨大钢板的边角微微卷起，仿佛一张张被风吹起的书页定格了一样，感觉浪漫优雅、轻盈灵动。整体被刷上红漆并且边角处理的足够圆滑，较低的地方可以坐，也可以躺。但更吸引人的还是每一页的钢板都刻着中英两国诗人的作品。李白、王维、苏轼、拜伦、济慈、威廉·华兹华斯等人的著名诗句都被镌刻在这些书页上，人们靠近他们并与之有更长时间的注视，更加深刻地感受到了两国文化深厚的底蕴。这组雕塑座椅的纪念价值具有社会文化属性，其形式即"座"的概念大于"坐"的意义。给予公众的视觉体验大于"坐"的功能性，也就是说其功能是附属于形式的。设计的成功在于紧紧抓住"造纸"、"文字"等具有代表性的传统元素，发挥材质的特

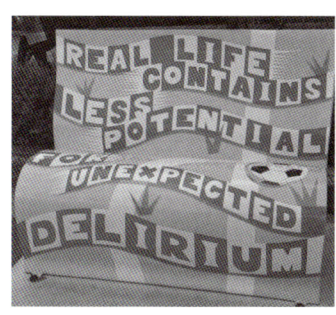

图 2
50 把改变世界的
椅子

性等，创造出符合独特地域文化的审美要求。自此大约三年后，英国国家文化基金、原生态艺术机构以英国文学经典中的五十部作品为元素，由艺术家和文学家共同合作，设计成打开的书本形式的雕塑座椅——BookBench 雕塑座椅。这些雕塑座椅遍布伦敦 50 个地标，定于十月份作为伦敦新雕塑拍卖。一方面是纪念《50 把改变世界的椅子》这本书以及那些被人喜爱的文学作品，如帕丁顿熊、大侦探波罗、福尔摩斯等，当然这其中包括莎士比亚、狄更斯等大师的杰出作品；另一方面增强了民众的阅读意识（图2）。

（二）机器人公共座椅与 big-scrubber 公共座椅

这种趣味性的雕塑座椅深刻影响了各个年龄阶段的人，所传达的内容，表现的形式都巧妙地呈现给公众。在城市生活中的各个角落都有雕塑座椅的身影，来自荷兰设计工作室 DeltaInc 创作的机器人公共座椅，如图 3 所示，无论从侧面图还是俯视图观察，这是一个非常舒服躺着的机器人，双手抱头并且单腿屈膝，一副悠闲自得的人物形态。设计师分别在机器人的腿部和手臂部分安装木制座椅供游人休息，这不仅是一个公共座椅，更是一个漂亮的城市雕塑。是设计师赋予了雕塑座椅以生命，而这个具有奇特创意性的雕塑座椅为周围环境增添了趣味性，同时充分发挥了其自身的功能价值。设计师更多的是关注了雕塑本身所传达的情感因素，运用了混凝土这种与周围环境相和谐的材料，使得雕塑的精神面貌最大化。轻松愉悦的环境本来就是人们所向往的公共生活，像这一组时尚可爱的 big-scrubber 座椅设计，座椅稍微加工成弯曲的表

图 3
机器人
公共座椅

图 4
城市雕塑座椅

面，坐上去更舒适。这组雕塑座椅适合放在室外，与自然环境相融合，更能体现其神秘性。当然，big-scrubber 座椅具有的雕塑特征也是不言而喻的。在这种不合实际的比例的视觉效果中，人们仿佛回到童年，甚至置身在童话世界里一样，轻松愉悦的心情油然而生，而这也许就是设计师所要传递给我们的，雕塑与座椅编织了人们童话般的梦。

（三）冰塔座椅与符号重复性座椅

创意性的表现不仅需要传达情感因素，在材料上、设计手法和原则上加以优化会使得雕塑更加突出、公众的接受程度、范围也会更广。如著名的建筑师 Zaha Hadid 为了 2013 年米兰设计周与 lab 23 的产品设计师共同设计开发了一系列城市雕塑座椅。座椅整体上富有灵动感，座椅流动的曲线使人想到了广阔无垠的冰川或者是大海波浪起伏的动态之美。搭配单色调的质感形成了光影效果突破了色域的界限，有人认为那蜿蜒的层次像冰川裂缝的分层线。这组座椅具有鲜明的艺术气质，在公众的心里，质感、肌理，光影都是设计上的发光点，座椅顺应整个座椅的节奏自然而然地与地面相连，并起到支撑的作用。运用线条的力量设计的还有 ( 图 4) 中的三个雕塑座椅，其中右边的作品线条有固定的起伏，支撑点和整个节奏的衔接与前所述不同。左下与之类似，但在设计上保持座椅表面的平整、有序，而支撑点的复杂、多变、无序又与之形成对比，左上材质与前两者不同，却采用了单一元素的重复，形成了统一的秩序。总而言之，这三者都是以符号重复的方式构筑座椅，座椅本身具有雕塑的审美价值。

（四）雕塑秋千与 Skystation 公共座椅

雕塑座椅具有静止的美感，抑或在空间中具有真实的动感。在波兰的首都华沙街头的雕塑秋千 ( 图 5)，雕塑本身没有座椅的部分，浑厚的笔触勾勒出使人敬畏的氛围，但秋千的特性与之所悬挂的位置中找到了存在的价值。而人们不同以往的热情参与所产生的形态变化和声音更使得雕塑拥有了趣味性，既有型又刺激。其中公众的主观能

图 5
雕塑秋千

图 6
Skystation 公共座椅 1

图 7
Skystation 公共座椅 2

图 8
雕塑座椅

动性促使雕塑与"座椅"（秋千）连接成为人们需要的感官体验，从一个侧面达到了共生之美。这一切也正是自然环境的存在而使得雕塑的画面感极强，给人们的身心带来了无限体验的可能性。Skystation 公共座椅虽也使人们体验刺激的感官享受，但与之相比显得宁静得多。此雕塑座椅的造型使得人们需要躺在上面，闭目、遥望天空，感受云卷云舒、星夜烂漫，具有浪漫主义情怀。此雕塑座椅在形式与功能上完全隐没了功能，只有自身体验过后才能得出属于自己对其的功能定义。设计师从观念入手，抛开传统的"坐"的直接功能特性，而是找到了人们对于空间特殊的审美体验需求，这也是设计雕塑座椅时，创意性思考的方法之一（图 6）。

### （五）摇摆公共座椅与街头长椅

Skystation 公共座椅的圆形造型一定程度上促进了人们的交流， 图 7 所示的雕塑座椅阐释了人们之间交流的另一种方式，为了让在公共场所等待的人们更富有乐趣而不仅仅是玩弄手机等，设计师设计出了这款可摇摆的公共树木座椅。这款可容纳七人左右的座椅可以让人在摇摆中寻求一种平衡，打破陌生人之间的沉默气氛，更加亲近他人。雕塑座椅本身是人与人之间互动的桥梁，是人们之间沟通的纽带。设计师以生活中常见的场景为背景，改变与地面接触的形式，创造了似曾相识的场景。其中，"坐"是公众参与的作用力， "座"是雕塑座椅本身，人们凭借自身的力量协调空间中的对立、矛盾、平衡、统一，使画面具有了稳定感。

增进公众交流的还有图 8 所示的一组雕塑座椅，这是来自丹麦艺术家 Jeppe Hein 的创意雕塑座椅，统一的材质造型是大自然环境中恰当的点缀，而且鲜明的设计感具有艺术审美价值，这一组反映了设计与自然的和谐共生，雕塑与座椅融为一体，雕塑座椅、人与自然共同构成了美好的社会生活画面。设计师将公园长椅变成了雕塑品，使得雕塑具有了座椅的功能价值。你能看到各种新奇的造型，但是同时又不可否认，它们在这样古怪外形的加持下，仍然能保持其正常的功用，甚至，在某些场景下，你会觉得椅子就应该是这种造型的。如左上的圆弧流线受到女性的青睐，在满足人机工程学的基础之上，变幻扶手等形态，形成了如彩虹般的画面效果。左中的街头雕塑座椅一方面方便家长照看孩子们的安全，另一方面也说明设计的思维方式有时换一个角度思考更便捷。当然，这个雕塑座椅更侧重于其功能性。左下雕塑座椅高度不同于普通的座椅，但为了使整体能够产生落差，设计师抬高了座椅的高度，落差的连接采用自高向下的弧线表示。整体上来看，此雕塑座椅处在城市商业街，考虑到以青年居多，所以雕塑座椅的时尚、简洁成为设计师关注的重点。此座椅反映了形式追随功能，产品应该满足消费需求。右上圆圈状的座椅是孩子们的乐园，正符合童年的玩伴成群结队的特性，在公共空间中又限定了孩子们的私密空间，所营造的是热闹的和快乐的空间氛围。孩子们也是雕塑座椅的一部分，如果没有孩子的存在就缺少了应该有的精神面貌，功能大于形式，人的参与——"坐"使得雕塑座椅的形式——"座"更加富有艺术气息、强化了功能的特性。比如左中座椅，实际因考虑到不同人群的不同需要经设计师的处理而形成了三组平行且折线前进的线条走向。本身所具有的艺术处理手法使其具有雕塑般的艺术效果，与周围垂直向上的树林交织成一幅优美的协奏曲。这组雕塑座椅实现了功能与形式的统一，适宜设置在大自然统一的环境中，形成音乐的律动之美。如果这五个座椅还不能够说明设计师的创意思想的话，那右下这组座椅的俯瞰效果就足以向人们展示设计师 Jeppe Hein 的创意理念。这组雕塑座椅不仅属于城市的一部分而且非常适宜地融合在人们的社会生活中。

## 三、结语

综上所述，雕塑座椅是随着雕塑功能的变化而来，赋予雕塑以功能化、赋予公共座椅艺术化。雕塑座椅实质上传达出的理念是功能与形式的融合、统一，在对立矛盾中寻找互通之处，在差异中寻找统一。在美学上，雕塑座椅符合共生美学的原则，实现了雕塑与座椅在公共环境中的共生，达到了功能与形式的共生，阐释了"坐"与"座"的共生。雕塑具有艺术审美价值，座椅中满足"坐"这个功能性是首要前提。两者的结合也体现了共生之美，共存共生、相互促进提升彼此的社会价值。雕塑座椅是城市生活中不可或缺的一部分，在建造文化城市、建造创意城市的过程中扮演着重要的角色。设计师应该善于发现并分析创意城市的各个组成部分，实现设计作品功能与形式的统一，实现人、社会与自然之间的共生关系。

# 04

城市
创意
公园

城市·创意·实践

URBAN CREATIVITY AND PRACTICE

CNU

市意园
城创公

# Creative Park

# 创意视角下的历史新生
## 德国北杜伊斯堡公园景观设计

文 / 柳叶

工业遗址
历史文化
更新设计

URBAN CREATIVITY
AND PRACTICE

**摘要：**

近年来，随着城市化进程加快，城市用地越来越紧张，城市中大量遗留的工业用地因得不到妥善处理而阻碍了城市规划的进一步发展。而工业遗址作为城市发展的印记以及历史文化的延续，需得到一定保护而不能盲目废除，所以对工业遗址的保护与改造再利用变得意义重大。本文对德国典型的工业遗址改造公园进行了详细的分析，并阐述了其设计理念以及文化价值。进而为我国今后在处理工业遗址的发展上提供良好的启发与建议。

**关键词：**

工业遗址　历史文化　更新设计

Duisburg Park
in North Germany

## 一、选题背景

20 世纪 70 年代开始，全球化进程不断加快，世界经济格局面临着巨大的挑战，城市化成了世界经济社会发展的必然趋势，城市的规模不断扩大，诸如资源短缺、交通拥堵等一系列问题的出现，在空间布局上出现了郊区化和逆城市化。此前建设的大量工业用地和工业建筑被闲置。新中国成立后的城市建设也经历了由消费城市到生产城市的转变，历经了"大跃进"、"文化大革命"、改革开放和经济高速发展的时代变迁。受经济全球化的影响，中国迅速成了全球的生产制造基地，这种劳动密集型工业化所带来的弊端也引发了人们对于工业发展和城市发展关系的思考。

从 20 世纪 80 年代中期开始的产业调整，使城市结构发生了巨大的变化，城市的规模逐步扩大，城市布局也逐步改变。一些原本靠重工业发展的城市，由于管理体制、产业类型、资源枯竭等原因的出现，经历了由盛到衰的过程。

## 二、工业遗产再利用的重要性

从建筑设计的理论和实践领域看，建筑师们关注的是工业建筑的改造再利用，这样的案例在西方国家不胜枚举。在国内学术界，式俊强和王建国的《城市产业类历史建筑及地段的改造再利用》第一次对产业类历史建筑及地段的改造和再利用做出了总结，肯定了产业类历史建筑的历史和文化价值，对国外的工业建筑的改造实践加以总结，并提出了工业建筑改造设计的主要方法。并从一个建筑师的角度对于产业类地段的再利用做出了总结性论述。工业建筑的改造方式因其与其他旧建筑、历史性建筑保护性改造的方法和理念有许多共通和相似之处，因此工业建筑的再利用也可以归类为旧建筑的适应性再利用。

从景观规划的角度看，Kristen Jane Robinson 在《探索中的德国鲁尔区城市生态系统：实施战略》中从鲁尔区城市生态规划建设的实例中，探讨了德国目前正在进行的生态策略和新的城市规划模式；Weilacher.U 在《Between landscape architecture and land art》中论述了废弃工业环境中的大地艺术和景观设计时间。而 J.Arwel Edwards 提出了工业遗产的旅游开发应被列入更广泛的遗产旅游范畴。

### 三、案例分析——德国埃姆舍公园

20 世纪 90 年代，在德国曾经最重要的工业基地鲁尔区进行了国际建筑展埃姆舍公园建设项目，这是一项对欧洲乃至世界都产生重大影响的项目。它的最大特色就是巧妙地将旧有的工业区改建成具有公众休闲、娱乐功能的场所，同时也尽可能地保留原有的工业设施，创造独特的工业景观。这项环境与生态的整治工程，不仅解决了这一地区由于产业衰落带来的就业、居住和经济发展等诸多方面的难题，也赋予了旧的工业基地以新的生机，具有深远的实践意义，在打造新型工业景观的同时也为世界上其他旧工业区的改造树立了典范。

国际建筑展埃姆舍公园位于德国鲁尔区，由西边的杜伊斯堡市到东边的贝格卡门市，长 70 千米，从南到北约 12 千米宽，面积达 800 平方千米，区内人口约为 250 万。埃姆舍河地区原为德国重要的工业基地，经过 150 年的工业发展，这一地区形成了以矿山开采及钢铁制造业为主要产业的工业区。纵横交错的铁路、公路、运河、高压输电线、矿山机械、高大的烟囱、堆料场等成为地区的典型景观。20 世纪 60 年代起钢铁行业不断缩水，对煤矿工业的需求也大大降低，作为主要工业的煤矿和铁矿开采，渐渐衰落、倒闭，大量质量很好的建筑也不再使用。由于 20 世纪 80 年代后期，这里已经成为整个联邦德国失业情况最恶劣的地方之一。经济、社会和环境问题促使当地政府为地区的复兴采取有效措施，即建造国际建筑展埃姆舍公园，主要内容包括：350 千米长的埃姆舍河及其支流的生态再生工程，净化区域中被污染的河水，恢复河流两侧的自然景观；建造 300 平方千米的埃姆舍公园，改善地区的生态环境；改造现有住宅，并兴建新住宅，解决居住问题；建造各类科技、商务中心，解决就业问题；原有工业建筑的整治及重新使用等。埃姆舍公园分为许多核心景观区，按照主题可分为后工业景观公园、工业野生林地、矿山遗迹公园、生态水景区、城区公园带、乡村风情园等，四通八达的自行车观光线路让游客自由穿梭于钢铁林立的旧工业遗迹之间并充分享受大自然的缤纷色彩。埃姆舍众多景观区中，北杜伊斯堡公园在整体规模、设计理念和受欢迎程度上都十分出众。

1989 年作为埃姆舍公园规划项目重点之一，国际建筑展对北杜伊斯堡厂区的总体设计进行了国际竞标，在诸多设计单位中，彼得·拉茨景观设计事务所的方案脱颖而出。彼得·拉茨执教于德国慕尼黑工大，受密斯·凡·德·罗少即是多的设计思想的影响，他经常在自己的景观设计中采用简单的结构体系，认为对于传统园林要学习借鉴而不是全盘照搬。不能墨守成规，要寻求适合场地现实条件的设计，体现场地独有的特征。他认为一个好的景观设计师，不应该过多地干涉一块地段，而是要尽可能地利用特定环境内特有的或是现存的元素，观察环境与构筑物的关系，总结他们存在的意义，从景观设计的角度寻求最佳的解决途径。对于北杜伊斯堡公园的设计也正是如此，对于别人认为是垃圾的废弃工业厂区上的建筑、构筑物等，他却认为那些东西是独具魅力的。那些熔化的铁水在凝固时所产生的肌理和锈蚀的过程本身就是一种自然的美，相比人工种植的花木更加生动，更加吸引人。也许正是他的这种态度和观念，才让杜伊斯堡公园产生了现在的效果，裸露在地面的粗糙的铁板、锈蚀的钢铁构筑物……都是他设计思想的体现，是这种设计思想成就了北杜伊斯堡公园，也让人们感受到了后工业景观设计的魅力。

## 四、后工业景观的概念

后工业景观是指工业生产活动停止后，对遗留在工业废弃地上的各种工业设施、地表痕迹、废弃物等加以保留、更新利用或艺术加工，并作为主要的景观构成元素来设计和营造的新景观。这些工业设施涵盖了与工业生产相关的各类设施，主要类型有生产设施、仓储设施、交通运输设施、动力设施、给水与污水处理等基础设施、管理与公共服务设施等，具体包括各类车间厂房、库房、变配电站、锅炉房、烟囱、井架、水塔、水池、水渠等建（构）筑物；高炉、气罐、油罐等工业生产设备；铁路、机车、管道、传送带、特种车辆等交通运输设施或动力传输设备等。将场地上的各种自然和人工环境要素统一进行规划设计，组织整理成能够为公众提供工业文化体验以及休闲、娱乐、体育运动、科教等多种功能的城市公共活动空间。后工业景观公园发端于20世纪60～70年代欧美发达国家，成熟于20世纪90年代的德国。北杜伊斯堡景观公园就是后工业景观公园的代表作之一。

图 1
梅德里西钢铁厂旧址

## 五、德国北杜伊斯堡景观公园

北杜伊斯堡景观公园位于德国鲁尔区杜伊斯堡北部，占地面积约为 230 公顷，是原梅德里西钢铁厂（Meiderich Ironwork）旧址（图 1）。该钢铁厂于 1985 年关闭，城市建造者们选择对伴随了杜伊斯堡市半个世纪的遗迹进行保留，并赋予其新的景观功能，在生态和美学角度将用地性质转化为公园用地。1990 年作为"国际建筑展埃姆舍公园"计划绿色框架下的前期重点项目，在全球范围内征集了 65 个由不同设计机构提交的概念方案。最终，德国景观大师彼得拉兹事务所的方案以新颖的后工业景观设计理念和手法而获胜。1994 年北杜伊斯堡景观公园面向公众开放以来，好评不断，该公园被誉为后工业景观公园的经典案例，同时彼得拉兹也因此被授予"2000 年第一届欧洲景观设计奖"。

在空间布局上，彼得拉兹的设计团队将园区规划整理为水公园、铁路公园、公共使用区和公园道路系统 4 个层次。首先，水公园（Water Park），这是整个公园中标高最低的一部分，由净水池、水渠、冷却池等水体构成。水渠部分是对东西方向贯穿整个园区的埃姆河水进行净化的河道，河道每隔一段距离都布置有台阶和亲水平台，方便游客与河水进行互动；同时，在河道两岸也栽植了大量的自然形式的植物。其次，铁路公园（Railroad Park），它的标高高出地面与 12 米，是园区中最高的地方，设计者将铁路公园与高架步行道系统相结合，并通过楼梯与其他空间相连，用高低起伏的层次为游客提供不同的景观视野。同时，这种大跨度的斜直线也将各个独立的工业设施和空间链接起来，增加了景观的联系性和纵向层次（图 2）。最后是公共使用区（Areas of Use）和道路系统，公共使用区由金属广场（Metallic Plaza）、考珀活动场

图 2
沿河景观层次图

图3
考　活动场

图4
熔渣公园

图5
废弃火车景观化处理

地（Cowper Places）、熔渣公园（Sinter Park）、料仓花园和开放绿地等功能空间组成。其中，金属广场位于园区的中心，在1号高炉铸造车间北侧；考珀活动场位于5号高炉以北、2号高炉以南。设计者将原来的废渣堆放场地改为林荫广场，整个活动场的地面材料均为原有的废渣，搭配均植的桦树（图3），为游人提供大面积的开场空间，可以举办各种活动；料仓花园和熔渣公园（图4）分别位于埃姆舍河渠东西两侧，在熔渣公园的北段则配有露天的圆形剧场，整个剧场建筑所使用的材料均是由原有的废弃红砖磨碎制成的红色混凝土。与此同时，设计师巧妙地用步行、自行车线路构成的道路系统将原本分散的各个广场及周边城市街道连接起来，形成了完整的园区道路系统。

北杜伊斯堡景观公园最大的特色在于对工业废弃场地及设施的保护与再利用（图5），强调了对于工业文明的尊重和对工业文明价值的认同。在设计手法上，彼得拉兹认为工业废弃地上的各种遗留都具有特殊的历史文化价值和机械美学特征，是工业文明发展的见证，应该得到应有的重视和再利用。并且保留了原有的工业遗址布局和空间节点，将原有的高炉、车间厂房、原料仓库等都作为独立的工业构成要素，组成园区中的节点，并通过铁路、道路和水渠等线性元素的加入，以及广场、绿地等开放空间作为面要素，有效地将点、线、面结合起来，使旧厂区的空间尺度与特征能够在新的景观公园中得以体现和继承。

在设计理念上，拉茨注重景观功能的组合和生态理念的应用。他赋予景观公园游览、餐饮、运动、集会、休闲、娱乐等多种功能，提倡对工业设计的综合利用，是设计既有技术上的可操作性又有经济上的可实现性。同时为了解决埃姆舍河常年受生活污水、工业废水、垃圾等污染的问题，他利用水渠和地下排污管道将污水和由净化水池过滤的水分开，使厂区的水环境进一步优化，同时在水渠边设立风塔，利用风能将水渠中的精华水运送到较高的标高，既可以满足灌溉、又可以创造有趣的水景观层次，赋予游客新颖的视听感受。在公园广场铺装的材料选择上，也多采用沉积的厂区的废渣（图6），既节省了建造成本由创造了独特的景观感受。这是他的这种理念和设计

方法不仅使北杜伊斯堡景观公园成了后工业景观改造的经典案例，得到了国际上的广泛认同和赞誉，也为今后的工业遗址改造提供的案例借鉴。

北杜伊斯堡景观公园最突出的特色是强调工业文化的价值，体现在对废弃工业场地及设施保护与利用的理念和对策上。第一，表明了对废弃工业场地及设施的态度。拉兹认为，废弃工业场地上遗留的各种设施（建筑物、构筑物、设备等）具有特殊的工业历史文化内涵和技术美学特征，是人类工业文明发展进程的见证，应加以保留并作为景观公园中的主要构成要素。第二，对原工业遗址的整体布局骨架结构（功能分区结构、空间组织结构、交通运输结构等）以及其中的空间节点、构成元素等进行全面保护，而不仅仅是有选择地部分保留。拉兹在对各种由炼钢高炉、煤气储罐、车间厂房、矿石料仓等独立工业设施构成的点要素，铁路、道路、水渠（埃姆舍河道）等构成的线要素以及广场、活动场地、绿地等开放空间构成的面要素等进行结构分析的前提下，使旧厂区的整体空间尺度和景观特征在景观公园构成框架中得以保留和延续。第三，通过对场地上各种工业设施的综合利用，使景观公园能容纳参观游览、信息咨询、餐饮、体育运动、集会、表演、休闲、娱乐等多种活动，充分彰显了该设计在具体实施上的技术现实性和经济可行性。北杜伊斯堡景观公园利用独特的景观资源，如原有的厂房、车轨、废弃钢铁……并将这些元素融入景观场地中，最大限度地减少了对景观场地的破坏，既保留了场地的历史特征有加入时代的设计语言。2001年北杜伊斯堡景观公园被德国景观设计师协会授予德国景观设计奖，而在国际上它也一直被认为是全球最为重要的跨世纪景观设计项目之一，并作为成功案例为全世界其他旧工业区的改造提供了典范。

## 六、工业遗产的价值与意义

根据《下塔吉尔宪章》的论述，工业遗产具有重要的价值，有更深远的历史价值和特殊的社会价值以及深厚的文化价值和重要的特殊价值。俞孔坚认为工艺遗产具有科学价值、稀缺性价值、审美启智价值、社会价值、独特性价值和历史价值六个方面。工业遗产的更新与所在城市的发展密不可分，与一个城市的陈列调整和区域发展水平息息相关。要客观的对工业遗址改造进行功能定位、产业选择和总体布局，就要把握工业遗产更新改造与城市发展战略的关系。优秀的工业遗址景观改造项目既遵循了城市发展战略的总体指导思想，又能够依照城市总体规划等上位规划的要求。

## 七、结语

近年来，工业遗产保护问题已经逐渐受到关注，我国的工业遗产景观设计虽然出现了一些优秀的作品，如首钢工业园改造、中山岐江公园等项目，但我国的工业遗产保护与开发再利用研究仍处于初步阶段，远远落后于西方发达国家在此领域的研究。北杜伊斯堡公园的设计为工业遗址开发提供了新的思路，即创造性地运用场地的特有元素，打造独有的景观风貌，为老工业区带来新生。

# 悬浮在空中的公园

## 新景观中的纽约高线公园设计

文 / 张丹

DIALOGU | URBAN CREATIVITY AND PRACTICE

创新型景观

废弃场地

可持续

城市活力

URBAN CREATIVITY
AND PRACTICE

**摘要：**

通过对纽约高线废弃铁路的保护与再创造分析，了解创新型景观设计对当代都市生活的重要性和废弃场地可持续性的开发利用如何与现有公共空间达到新旧的融合。最终探讨如何利用创新型的景观开发模式来带动城市发展，从而提升城市活力及市民对于新景观的可参与性。

**关键词：**

创新型景观　　废弃场地　　可持续　　城市活力

New York

High Line Park Design

凯文·林奇（Kevin Lynch）曾说过："一个事物是新的，然后变旧过时，然后被废弃，只有到后来它们重生之际才有了所谓的历史价值。"一个废弃已久并且毫无活力的空间如何才能获得重生，如何才能融入当今高速发展的社会性都市生活中，也许唯有通过创新性的改造和利用，从而变换一种发展模式，才能够达到新景观和旧环境的巧妙结合。

## 一、纽约高线公园周边及历史沿革

纽约高线公园位于曼哈顿西侧，跨越 23 个街区，其中与肉类加工区、西切尔西区及地狱厨房、克林顿区三个重要区域相连。高线公园原是建于 20 世纪 30 年代的空中货运铁道线。该轨道曾是西部开发项目的一部分，远离地面街道的铁路有效地保障了路面交通安全，是工业发展的交通干线。

20 世纪 80 年代，弃用的高架铁路变成了城市的不和谐音符，面临着被拆毁的危险。当时，机会主义景观概念开始兴起，这让小部分纽约人催生了将废弃铁道变成公园的想法。1999 年，"高线之友"组织成立，该组织致力于挽救高线，提倡将高线转变为公共公园。

而如今的高线公园已经是理想变为现实，转变为一座横架在城市空中的步行花园，创造性的改造让这个失落已久的废弃轨道重新焕发了活力。在公园里，游客将看到一个不一样的哈德逊河和地标性建筑，比如自由女神像和帝国大厦。而在这里，不仅仅是市民休闲娱乐之地，同时还让高架两侧的街区成了吸金重地，引来很多商业大亨的投资，取得了巨大的经济效益。

## 二、纽约高线公园的设计解析

高线工程的核心是"保护"和"再利用"，作为连接城市区域的走廊，高线推动

图1

着城市政治、生态、历史、经济的发展。与一般公园相比，高线有着独特的魅力，创新型景观设计地融入也给人们带来全新的体验。

（一）核心策略是"植—筑"

高线公园的核心策略是"植—筑"的理念，它改变了以往植被和步行道路的常规布局形式，将混凝土路面以手指形状深入野草地，为植物生长留出空间，让人们既能感受到设计师精心和巧妙的种植，又能让人们感受到植物的无序野性之美，植物区保留了部分铁轨、枕木和碎石路基，将植物和现有轨道交织在一起，展现了人工和自然的巧妙结合（图1）。

（二）线性公园

由于在原有铁轨的基础上进行重新设计，所以线性的规划成为整体设计的框架。长条状、狭窄状的空间对于设计提出了更高的要求。设计中种植和步道采取了错落有致的布置，相互穿插，相互渗透，使原本单一的直线软化成了曲线的道路，同时空间的利用也非单纯的线性规划，打破原有的单一路线，设置平台、座椅、花坛等丰富的线性层次空间，但又与整体轨道和谐统一，它的单一性和线性，它简单明了的实用性，它与草地、灌木丛、藤蔓、苔藓和花卉等野生植被以及与道砟、钢铁和混凝土的融合，都使得线性空间不再单调乏味，同时人们的视线在高线中也被汇聚和引导，并且能够在不同的景致中体会到丰富的韵律（图2）。

图2

图 3

图 4

**（三）公共空间的层叠交错**

公共空间层叠交替，沿着一条简洁有致的路线呈现出不同的景观，让人沿途领略到了曼哈顿和哈德逊河的旖旎景色。

整个公园不是处于同一标高上的步道，而是位于街道上空从 18~30 英尺高的立体花园。例如在 14~15 街区的景观平台上，水池设置在铺板之间，水平面紧靠较高层的走道；在 15 街和 16 街区间，设置了不同标高的平台，上层为主通道，下层为餐饮休息区；在 17 街附近的一段悬在十大道半空中的阶梯教室式的景观，是一个下沉式的休息区域，人们隔着一片落地玻璃可以欣赏到十大道车水马龙的景致；一个沉降式广场悬于第十大道的上方，游客可以通过台阶和坡道进入，原本的临街边的钢铁皮被换成了玻璃，台阶式的聚集让这个空间变得立体起来（图 3）。

在西 25 大道和西 26 大道之间，在建筑之间创造了一个微型森林，这里种植了茂密的灌木丛和小树。现在，设计师又在原有的环境上架起了一座高 8 英尺的步行道，这种处理让地面上的植物可以自由生长并且保持了原本起伏的地形，参观者则在茂密的树廊下穿行。

高线的唯一一块草坪设置于 23 街区处，这块区域的路面变宽，人们可以在此欣赏到曼哈顿的天际线和哈德逊河的美景；在 30 街的部分，设计者将混凝土板移去，高线格子状的横梁和纵梁暴露出来，游客可以在网状的观景平台上俯视高线的框架结构（图 4）。

**（四）铺装系统**

条状的路面组成了高线铺装的基本形式，它们之间留有开放式接口，混凝土铺装以手指形状深入草地，植物可以从坚硬的混凝土板之间生长出来；所有铁轨部分嵌入混凝土铺装，形成了独特的纹理效果。铺装系统的设计与其说是步道，倒不如说是一种犁田式景观，这种混杂营造出一种独特的肌理，行人自然地融入其中，就像行走在荒野中的人，让市民与自然更无距离感。

**（五）植物景观的营造**

植被的选择和设置不同于传统的修剪式园林，设计源于"自生植物"，追求原生态环境的再现，选取 210 种本地植物，大部分为原本生长在高线上的浅根植物为主，将建筑与周围环境联系起来，同时柔化了高架铁路粗糙的外形，呈现出一种野性的生机与活力，体现了场地本身极端的环境特点和浅根植物的特性。而植物的选择上又呈现出独特的色彩和质地，选择了不同花期的植物搭配种植，保证在 1~12 月都有花可以欣赏，植被高度的不同能够阻挡人们的视线，丰富了空间的层次。

（六）城市家具和景观小品的创意

造型别致的坐凳也迎合了线性公园的特征，直接从地面轨道延伸方向抬起，与地面铺装有机地融合在一起。

图 5

此外，设计者还设计了沙滩座椅，在景观平台之处人们可以仰躺在之上晒日光浴，也可以几人闲坐交流，体现了城市家具的人文关怀；设计者通过城市家具和特色景观小品将现代化的公园与历史遗迹进行融合， 在主道上，设计者将铁轨保留，并在沙滩座椅上安装了小铁轮，放在铁轨上，模拟启动的小货车，细部设计丰富了高线的情感设计，让人们不禁都要想要坐上去体验一番（图 5）。

在西 29 大道，高线公园起始于一条绵长且微微弯曲的步行路，这条路一直通向哈德逊河，并作为西侧铁路站台的转换空间。公园的步道沿着曲线弯曲，并设置了一条同样蜿蜒绵长的木质长椅，这些长椅沿着步行路的西侧边缘排列。座椅前后还种植了绿色植物，增加了景观的整体层次（图 6）。

图 6

位于西 26 大道的景观平台，设置了方形的观景框架，如同曾经高线眼线的广告牌，将历史与现代联系起来，一座金属制栈桥悬于此段，保证了树木植被的生长，游客得以在树荫中漫步。这些树木植被生长在两旁高楼的阴凉处，可以追溯到铁路停运之时（图 7）。

（七）可持续的设计

图 7

在高线公园的设计中，从材料和植物的选择、路面的拼接方式都体现了可持续设计的理念，整个高线公园的实际就是位于城市中央 6 英亩的绿色屋顶，大量植物的覆盖，降低了城市的热岛效应；座椅是用回收来的柚木制成，此外还回收了大量废弃木材、钢材和来自当地的混凝土骨料，货摊上出售当地的可持续生长食物；公园采用节

图 8

能的 LED 照明系统；路面采用开口接合方式，能够采集、存储雨水，并渗透给花坛，减少了灌溉的需求。

（八）高线上的文化艺术

高线公园，不仅仅有着普通公园的休闲娱乐功能，同时作为文化艺术的集聚地，同样吸引着来自世界各地的艺术家和经典艺术作品的呈现。在公共开放空间中提出一种新的理念即"旋转时间"的概念，将艺术家的装置艺术作品等一些临时性艺术品在高线之上展览，不仅丰富高线公园文化内涵，同时也促进艺术家展示他们在一个公共场所的工作，拉近了市民与艺术的距离，使高线附近成为一个重要的文化中心（图 8 ）。

## 三、高线公园的创新性分析

图 9

（一）悬浮在空中的花园——全新视角下审视城市

生活在快节奏的都市生活中，人们不免对于舒缓安静的精神领域有着强烈追求，而高线恰恰给人们提供了一个灵魂的避难所，人们进入其中驻足，享受着都市丛林中的慢节奏生活。

高线公园的另一个独特之处则是它高架于城市空中，不同于以往公园的形态模式，将一座公园抬到高于路面 30 公尺高度，同时作为城市街区间的步行的通道，实现了人车分流的立体交通模式。使处于高线公园中的市民感受到了全新视角下的城市风貌，以往在道路层面无法感受到哈德逊河的存在，而在高架的公园之上，为市民提供了远眺水面的可能。在 14 街附近的观景阳台，这里视野开阔，人们可以欣赏到哈德逊河的落日和 54 号码头的美景（图 9 ）；从 26 街延伸出的天桥，游客可以再次停留休憩，俯瞰城市街道，遥望高楼大厦；这些都是普通公园所不具备的特色和创意空间。

（二）高线景观与城市平立面的创意融合

高线公园穿过高楼耸立的曼哈顿西侧，它既没有破坏原有街道和建筑的形态，也没有让这座城市中的花园与环境格格不入，反而完善了高架路面与城市的关系。

在城市平面上，密切了高架公园与城市街道的联系，公园每隔两到三个街区都会设置街道和公园的楼梯，同时还会设置电梯，方便老人、儿童和残障人士的通行。同时在高线公园边缘也设置了多处观景平台和驻足休息的空间，使人们能够看到和感受到城市街道的氛围，能够不与都市生活疏离（图10）。

图10

在城市立面上，高线公园以线性的规划穿过高楼林立的城市街区，建筑与高线的衔接成了设计的重要环节。为了既不破坏建筑立面，又能与公园步道巧妙结合，当高线公园穿越建筑下方时，建筑往往架空，设置公园休憩平台和简易服务设施；当高线公园毗邻建筑时，为更好地与建筑达到融合，修建了通向建筑中的通道，同时将建筑的一角作为公众使用，设置餐饮、售卖、卫生间等高线服务设施。

（三）对步行系统的另一种诠释

"作为一个伟大的城市，需要很漂亮的建筑，但单纯追求建筑的壮观是不对的。很多优秀的城市，其伟大之处就在于地上，因此，步行系统是城市景观规划要努力关注的重点。"——爱德华 · 斯通

步行系统是人们体验和感知一个城市风貌的重要途径，因此步行系统的设计也体现了一个城市的发展和状态，而常规的步行系统在市民经常性的生产和生活中逐渐失去了活力，而仅仅被视为城市交通的主要脉络。高线的设计将步行系统架高到空中，以独特的方式重新进行整理和设计，让人们以独特的视角进入这个步行系统，换一种方式领略一个城市的风貌，使得步行系统的活力重新焕发，同时也提升了城市的活力和市民的可参与性。

图 11

## 四、总结与思考

　　空间的设计只有与人们的日常生活联系起来，才能赋予其有生命的灵动。一种模式的创新能够带动一个地区的发展。随着社会生活的进步，人们对于艺术性的品位也在不断提高，陈旧的设计模式和设计思想已经不能够满足人们对于审美和体验的追求，因此对于城市创意设计的追求也在不断提升。

　　高线公园之所以能够在世界范围内引起巨大反响，其独特之处也许就在于其能够与城市生活和人们的行为紧密联系起来。它就像一条绿色的丝带穿梭于高楼林立的城市之中，能够与多变的城市景观达到完美的融合，与多样性的建筑类型联系在一起，同时变换人们正常审视城市的角度，以一种高视线让人们观赏哈德逊河和城市街道，为人们带来了独特的感官体验和心灵净化。高线同样承载着一个城市的轨迹，穿行在高线公园中，你能够看到颓废的厂房和废弃阶段的流浪艺术家的涂鸦艺术（图 11），原生态植物丛生表达了废弃地植物的顽强生命力，同时你也能够看到穿插其间的新建筑，清晰地感觉到深处现代化都市生活中，这座废弃的空间设计在"保留"和"再利用"中达到了平衡，将废弃铁轨融入了新的生命。"漫"的理念融入城市公园的设计中，使人们在深入城市的同时也在远离城市。高线的设计将城市作为灵感激发点和交流媒介，与期初"逃离"城市的构想截然相反。人们漫步于高线之上，以一种全新的视角与城市进行沟通，往往能获得意想不到的惊喜。

# 柔美的有机形态

## 美国明尼阿波利斯金杯公园设计

文 / 张盛楠

棕地

公共空间

公园设计

URBAN CREATIVITY
AND PRACTICE

DIALOGU ｜ URBAN CREATIVITY AND PRACTICE

150

**摘要：**

工业化是时代发展的产物，工业化初期，西方各国在城市边缘大肆扩建工业区。随着现代城市面积的不断扩大，旧工业区逐渐被各种新建的街区所包围，成了城市不可分割的一部分。旧工业区落后的工业设施，不仅降低了周围地区的环境质量，还与周围的现代化设计格格不入。可以说，工业的高速发展为人类创造了巨大的财富，然而步入后工业化时代，很多城市面临着大量的废弃工业用地和陈旧设施的使用问题。本文以美国明尼阿波利斯金杯公园为例，介绍了该公园是如何利用自然柔美的有机形态从废弃棕地变成广受欢迎的公共开放空间，说明其实棕地并非不可挽救，废弃棕地与公共空间，只是差了一个设计。

**关键词：** 棕地　公共空间　公园设计

Minneapolis

Gold Medal Park Design

一个不能改变的环境会招致自身的毁灭。我们偏好一个以宝贵的遗产为背景并逐步改变的世界，在这个世界人们能追随历史的痕迹而留下个人的印记。

—— Kevin Lynch

## 一、美国明尼阿波利斯金杯公园（Gold Medal Park）建造背景

随着经济社会的不断发展，城市的现代化特征越来越显著。而城市的现代化特征明显与过去两百年来工业社会所遗留下来的物质、环境、经济结构大相径庭。因此，在全球范围内对"工业化遗产"的"再设计"势在必行。那么，我们所说的"工业化遗产"是什么呢？实际上就是棕地。"棕地"一词于20世纪90年代初期开始出现在美国联邦政府的官方用语中，用来指那些存在一定程度污染，已经废弃或因污染而没有得到充分利用的土地及地上建筑物。

美国国家环保局 (EPA) 对棕地有一个比较明确的定义："棕地是指废弃的、闲置的或没有得到充分利用的工业或商业用地及设施。在这类土地的再开发和利用过程中，往往因存在着客观上的或意想中的环境污染而比其他开发过程更为复杂。"按照法律规定，这类土地的开发受环保部门的制约，开发活动必须按照程序得到环境保护部门的许可才能进行，包括对污染进行必要的治理和达到规定的标准。可见棕地与其他土地的区别就在于污染问题，因此开发棕地不仅成本高、耗时长，而且还要承担开发后污染物滞存可能带来的各种风险。而且随着开发成本的上升，很少有私人开发商愿意为了棕地而投入高额成本，因此棕地的开发就面临着很大的问题，需要政府部门的介入和支持。

明尼阿波利斯是美国明尼苏达州最大的城市，位于该州东南部，跨密西西比河两岸。明尼阿波利斯城的诞生与发展离不开密西西比河的滋养，但由于历史上河边地区为工业区，随着城市的发展，新的技术和经济模式取代传统工业，导致一些工业用地被闲置和废弃，棕地问题急需解决。

## 二、美国明尼阿波利斯金杯公园（Gold Medal Park）独特设计

由于明尼阿波利斯州存在大量的荒废用地，使人们很难把城区和这条大河在空间和视觉上连接起来。一个城市，如果部分区域设计存在较大差异，则会影响整体的效果。因此设计师拟创建一个可供二者再度连接的空间，而金杯公园的设计便应运而生。

（一）金杯公园的设计价值

金杯公园（图1）是一座设计独特的城市公园，它为明尼阿波利斯的中心城区提供了广受欢迎的公共开放空间；它是对历史遗留下来的一块棕地的可持续性再利用；它的建成有助于振兴华盛顿大道，创建出贯穿全城的绿色街道和交通节点；它还开创了公私合营的先例，为下一代营造出可世代流传的公共绿地。

（二）金杯公园的创意来源

在前期进行公园的场地规划时，明尼阿波利斯市政府公布了一则意见征求书，广泛征集设计及使用建议。反馈回来的方案各式各样，多数人建议开发成带有若干绿地的住宅，而金杯公园方案是唯一提出将这块场地建成纯粹绿地的方案。其意在创建出无需预先具体规划的娱乐休闲空间，以满足各种使用需要：人们可以在阳光下晒太阳、坐在树荫下休息、在户外做运动，或者只是欣赏周围的景色。

（三）金杯公园的柔和之美

该公园占地30351.42平方米，位于明尼阿波利斯的老磨坊工厂区，紧邻密西西比河和让—努朗尔设计的古瑟里剧院（图2）。古瑟里剧院的景观设计采用相对规整的形式，而在金杯公园的设计中，却采用了更为柔美和有机的形态。这一独特的设计视角充分体现在这两块相邻场地的有机融合中。当规整遭遇随性，当刻板遭遇柔和，两种设计能够相得益彰，体现一种奇妙的意境之美。

公园依托密西西比河呈现出独特的形式美感，带给人们全新的视觉体验。曲折的

图1
金杯公园

图2
古瑟里剧院

图 3
曲折园路

园路（图 3）宛若河水穿越平坦的地势流向河流时所形成的枝状水路。而那些笔直的园路长度各异，尽头摆放着定制长椅，使人们游览散步时也能有驻足休息的地方。

（四）金杯公园的可持续理念

公园在设计时不仅要考虑到美观与公共性，更重要的是解决场地中由各种历史原因所造成的土壤污染，也就是棕地问题。在某些特定区域，明尼苏达州污染控制局（MPCA）要求必须清除或修复 1.22 米到 1.83 米的现有表土，并覆盖清洁土壤。设计师为了在公园设计中充分体现可持续性，把场地中被污染的土壤集中堆积从而形成一个圆丘，然后按照污染控制局的要求在表面覆盖 1.22 米厚的清洁土，以达到公园场地的标准。这一独特的解决方案既体现了可持续性，又节约了成本，创造性地解决了土壤修复的难题。而土壤堆积形成的圆丘也就成了公园的视觉焦点（图 4），游客可以顺着两侧由考登钢界定的盘旋而上的步道登上丘顶，就像沿着一座迷宫缓缓而行。丘顶的视野颇为开阔，可以眺望石拱桥、密西西比河和城市天际线。

图 4
圆丘

土壤问题解决后设计师开始考虑场地雨水溢流的问题。在场地设计中，设计师利用一套雨水收集系统抽取螺旋形步道和一些低洼区域的积水，并导向市政雨水管道，这样可以过滤尽可能多的雨水，但根据污染控制局的相关规定，原则上不允许大量雨水渗透到土层深处残存的污染土壤，最后决定只收集雨洪溢流。通过草皮和树木的渗透使整个场地的雨洪溢流呈下降趋势。在维护保养的环节上设计师也始终秉持可持续原则，只使用有机肥料，杜绝任何化肥。公园内植被经过悉心挑选，植物种类丰富，通过设计，设计师不仅将棕地的土壤问题得以解决同时还保护了地下水与深层土壤不被污染，充分体现公园的可持续性。

除此之外，公园的各个细节之处也是经过精心设计。步道（图 5）与圆丘顶部放置 20 把长椅，白天供游人休息、远眺景色，夜晚长椅被 LED 灯照亮，使公园的夜景（图 6）也充满生机。公园内的其他配置如垃圾箱、用来遮挡公共设施的屏蔽物也巧妙地放置公园各处。这里已经成为市民休闲娱乐的绝佳去处，通过设计，使原本废弃的棕地空间变成了广受人们欢迎的公共绿地。

图 5
步道

金杯公园最令人瞩目的成就之一在于它所开创的先例：它不仅是明尼阿波利斯市第一个公私合作经营开发的公共绿地，而且，与隶属市政的公园发展基金会签订的场地十年租期的协定也具有相当的历史意义。

图 6<br>夜景

### 三、结语

  在世界各地迅速的城市化进程中，曾经的工业企业被迁至城市之外，留下来的土地有的被建成楼房住宅，也有部分工业用地尤其是化工厂用地因遗留有污染物而被闲置，这些棕色地块多数位于大都市的中心城区，它们是工业留给城市的"遗产"，是一批可以再开发利用的财产，只是这笔财产的真正价值被一些可见的或潜在的危险和有害物质所掩盖。欧美一些国家工业化更早，他们面临的"棕地"问题也就更早，在治理"棕地"问题上有我们值得借鉴的地方。金杯公园利用自然的有机形态，将场地变为广受欢迎的公共空间，让人们重回自然，感受淳朴的自然之美，然而这只是其中的一个例子，还有更多的例子值得我们去学习，去关注"棕地"问题，相信通过设计师的合理设计规划与政府间的密切合作，一定可以将"遗产"变"财产"，将"棕色地块"变成"阳光地块"。

**05**

城市
生态
建筑

城市·创意·实践

URBAN CREATIVITY AND PRACTICE

,

CNU

市态筑
城生建

# Ecological Architecture

# 空中绿洲

## 城市屋顶花园创意

文 / 马卓然

屋顶花园

城市

环境　绿化

URBAN CREATIVITY
AND  PRACTICE

**摘要：**

城市里，钢筋水泥构筑物结构单一且质地坚硬，在霓虹灯光映照下的喧闹街区，杂乱且无趣。防水屋顶被装置在多数建筑物顶层，形式单调、毫无生气，犹如人造的沙漠一样，这种建筑物透出的是浑浊的气息、较大的温差以及暴晒的沥青面。正如一句话所说：裸露屋顶的城市是一个生态意义上的沙漠。( 徐峰，封蕾，郭子一 . 屋顶花园设计与施工 . 北京：化学工业出版社，2007。) 面对城市环境问题的日益突出，噪音污染、PM2.5、热岛效应、垃圾围城等各种环境问题，直接威胁人类的生存和发展。同时，城市化发展对空间的需求也不断加大，城市用地与城市绿地建筑之间的矛盾更加尖锐。现今，城市绿化的空间不得不开始向纵向发展，人们尝试开发"空中要地"，这种城市园林绿化模式作为一种崭新的行业，已经备受瞩目，作为城市上空的绿洲，屋顶花园正是在这样的情况下应运而生的。

**关键词：**屋顶花园　城市　环境　绿化

Creative City

Roof Garden

## 一、屋顶花园的概念

屋顶花园的概念较为广泛，有广义和狭义之分。从广义层面来看，屋顶花园指代的是在所有脱离地面土壤，比如建筑物的顶部、天台、隧道桥梁、城墙周围或者一些人工的建筑物，在其上方所开展的造园或绿化活动，种植花草树木等；从狭义层面解读，屋顶花园主要指的是借助于屋顶绿化的相关理念，在屋顶上，通过使用地面花园的设计形式，进行景观的创造，为人们营造休息、观光的好去处。

## 二、屋顶花园的发展

**图 1**
**古巴比伦空中花园**

世界屋顶花园的产生和发展已有 2600 余年的历史。在古文明时代，巴比伦空中花园（图 1）便被称为人类的奇观，屋顶花园在使用性质层面上的第一次转型的标准事件是，从私家园林的贵族专人享用到屋顶剧场的出现。在此基础上，后面不断涌现的宾馆或酒店上方的屋顶花园，主要强调的是一种休闲娱乐的功能，这点与第二次世界大战之前，包括纽约在内的世界各大城市一些企业、公司或私人的住宅上方的屋顶花园所拥有的功能是一致的。

20 世纪以来，人类的工业化和城市化的发展进程不断加快，在此背景下，屋顶花园这种景观设计也随之涌现，这种新形式的景观设计充分体现出人类群体与工业化景观的一种冲突，因为后者的实施，导致了城市的土地价格急速上涨、土地面积急剧下降等。1926 年，勒·柯布西耶结合自己的住宅形式，总结出当代新建筑的 5 个主要特征，其中，重点强调的是将绿化加入现代建筑之中。20 世纪中后期，西方工业国家经历了 3P 危机，即人口爆炸、环境污染和资源消耗过度。自此人类社会开始注重环境的保护，并严格审视人和自然间的密切联系。1959 年，美国的风景建筑师积极开拓，在奥克兰凯瑟办公楼的顶部设计一个面积有限但风景绝美的空中花园，以此为屋顶绿化打开大门，被誉为建筑和绿化艺术"杂交"的始祖。此后，关于这一方面的研究日益兴盛。

图 2
新加坡皮克林宾乐雅酒店

## 三、中外屋顶花园新设计

### （一）新加坡皮克林宾乐雅酒店（Parkroyal on Pickering Singapore）

该酒店位于新加坡的商业中心地带，其设计理念是花园酒店（图2），主张节约能源，由于其营业期间采用的是太阳能，被授予"太阳能先锋奖"，最终获得BCA绿色建筑白金奖。该酒店楼层总数为16层，在5层高的裙楼楼顶，均会呈现一个12层高的塔楼，塔楼每隔3层便会设计一座空中花园。波状预制混凝土围绕着裙楼层，因此，又被称之为地形建筑或会呼吸的建筑。热带植物是各个空中花园的主要种植物，该空中花园和城市绿地相互补充，和周围的公园相得益彰。不仅如此，由于空中花园是悬挑出来的，其周围还包含着3座大型的酒店客房的楼层，所以，该酒店自身具有良好的遮阳效果。

### （二）美国芝加哥花园城市住房

该住房位于林肯公园社区，坐落于芝加哥市，是一个人口较为稠密的地区，它（图3）作为一种单独的社区楼房，主要奉行的是两种独特的设计思路：一是为家庭化生活奉上崭新的现代化房屋；二是强调住宅内外的相互协调一致。委托方深爱芝加哥这座城市，也想要在市中心安家。他们对有绿色植物装点的自然世界有着强烈的兴趣，同时也希望他们的孩子们可以慢慢培养这种兴趣爱好。设计者应他们的要求便设计了这样的还原城市住房。

该建筑总面积中可利用1430平方英尺的屋顶部分，作为休闲放松区域或植物种植地带，使得城市上空的美景一览无余地展现在人们眼前。而且，通过在屋顶、地面和花园间使用开放式的表面规划形式，可有效地防范热岛效应和降低水分流失的幅度。

另外，这种花园住房还有两道墙将内外隔开的屏障以及从街道就可以看得到的蔬菜种植屋顶和绿色花园屋顶，人们可以从二楼进入采摘、维护和种植。值得一提的是，该项目荣获"2014年度ASLA专业奖"、"住宅设计荣誉奖"。

（三）日本大阪 Namba 公园

日本大阪的 Namba 公园（图 4），是集办公和商业零售为一体的综合性质的公园，它不再仅仅局限于人们所认知的传统购物中心应具有的形式。2003 年，设计者对大阪棒球体育场旧址进行改造，该公园得以建成。该建筑的主要特征是在其内部建立了一座 8 层的屋顶花园，层层推进、绿茵葱葱，仿佛是位于城市之上的空中绿洲，它与周围线性建筑的冷酷风格形成强烈对比，成为嘈杂背景下的一处生动、惬意的街景。其横跨了几个街区，花园中包括树木、岩石、瀑布、池塘、蔬菜区以及峭壁等。花园内漂亮的花草植物每天都在生长，使建筑的样子每天都在改变，别有一番趣味。Namba Park 是一处奇妙并且充满想象力的建筑，它有别于传统购物中心将顾客引入封闭式购物区的形式，把餐饮区、商业区与自然的开放空间完美地结合在一起，能够让顾客在公园中感受到多重乐趣，为钢筋混凝土林立的城市里带来了一股难得的清新气息。

图 4
日本 Namba 公园八层屋顶
花园外部实景

（四）广州太古汇绿化屋顶和城市广场

该项目（图 5）包含的种类繁多，如办公、酒店、商场、住宅区、广场和屋顶绿化等建筑。建筑师的设计理念是对布局进行创造性的设计，并尽可能多的呈现绿化面积。其中，地面广场和屋顶绿化通过设计一些具有美学价值的设施设备，较好的为周边的居民和大厦的使用者提供服务。大厦在设计的过程中，主要隐含的是 3 大主要元素，即经济价值最大化、健康和环保。

对于占地面积相对有限的大型建筑项目而言，如何最大化地建设具有特色的绿色空间是设计者所重点关注的。该项目的占地面积仅有 4.85 公顷左右，且公园、商场餐饮和公共区域主要是由地面广场和密集型的绿化屋顶所形成的。位于商场第三层的屋顶花园，面积约为 0.8 公顷，其与传统的住宅、餐饮、商场、办公地带在视觉和使用功能上互为一体，并且共同形成一片绿色高地，以此对周围城市的风景进行纵览。第四层主要是住宅和酒店，占地面积约为 0.2 公顷，依然传承者绿色屋顶建筑的美学和生态风格。

图 5
广州太古汇广场

占地面积高达 2.6 公顷的屋顶花园（图 6），其结构形式表现得十分密集，和传统的绿色屋顶建筑相比，由于种植了多种类的本地和其他类型的物种，

所以拥有较好的环保功能。这种功能主要体现为：树木可以有效地吸收二氧化碳，促进空气净化，降低温室效应。另外，通过树叶的蒸发和树荫的良好遮阴效果，还可以起到降温的作用。商场的热量也会随着绿化屋顶的作用而随之降低，增加建筑的使用年限，减少建筑在能源方面的损耗，从而降低其对城市环境造成的破坏程度。

建筑设计者将不透水层建楼层的面积尽可能减少，对于自然降水，则采用绿化屋顶中种植的植物进行降低和吸附，使雨水被植被所吸收。如此一来，在植物生长的过程中，只需要支出很少部分的人工灌溉技能和成本。

类似于此项目"幸福安康"的建筑理念和设计风格，十分的常见。该区域不对临近的建筑采取封闭或隔离的形式，而是尽可能地对其开放。在此期间，由于其自身的便捷、高效和友善的特点，逐步透露出一种安宁和美好的生活气氛。在该项目和附近建筑的高楼层上，可以清晰地看到地面广场和屋顶花园，建筑层始终被艺术因素所点缀，人们可以在此休闲放松或聚会。另外，在此地还可欣赏到不同种类的植物和花草，享受各种小生物带来的生机气象。

开放式的绿化空间，展现的是一种三维式的布局：茂盛的地面绿化区域和繁华商场上部的屋顶花园，在阶梯的作用下，相互连接，不再仅仅是相对普通的建筑类型，而逐步形成一种接近原始状态的地质景观。夜晚，这种景观的效果会在阶梯蓝色灯光的映照下，表现得更为明显。绿化空间的特殊地形特征在玻璃中庭的起伏下，显得更加美观。穿过中庭，四层的商场中充满阳光的照射，使得整个商场更加开放和透明。从商场和街面均可通向屋顶花园，如此一来，该项目和地面景观、绿色屋顶相互结合，形成一个共同的整体。

## 四、屋顶花园在现代城市建设中的意义

首先，建立屋顶花园相关建筑，在上面种植多样化的植物类型，构建多样化的休闲游乐设施，可以最大限度地使用城市商业中心地带的相对密集建筑物上的顶层空间，不仅降低太阳照射建筑顶层的温度，促进室内温度的下降，同时，也可帮助城市减少热岛效应。通过大范围的建设屋顶花园来节省能源，这对能源消耗过度的我国是非常有帮助的。其次，在偌大的城市建筑群中，屋面面积占据整个城市面积的三分之一，而且建筑物的顶层层面是接触大气、阳光和雨水的关键界面，因此，在生态方面，屋顶拥有其自身独特的作用。绿化屋顶中所培植的植物，可有效地排放氧气、吸收空气中的污染物或浑浊气体等，在城市高楼建设屋顶花园，能实现城市多层次空间的净化。最后，由于人们通常会比较向往那些绿化程度和规划方式较为特别的城市，所以，在城市的建筑物中注入城市上空的绿洲，可为城市塑造美好的城市标志。

## 五、结语

屋顶花园作为近来逐年热门的城市新兴增绿形式，具有众多传统地面绿化无法比拟的优势，而我们不应该仅仅把它当作是建筑的附属物，而是应当把它作为城市建设的一部分完美地融入城市的建设当中，它能够负担起城市建设在绿化景观、生态环境

与精神生活方面的压力，还能带来一定的经济效益。它为城市创意建设注入了新鲜的血液，为生态环境带来了全新的生命力，为置身于城市的人们带来了不一样的体验。我国今后应大力推行简式屋顶绿化，在条件许可的情况下，可建立花园式的屋顶花园。为了便于后期的维护管理，应尽可能增大绿化区域和屋顶花园的数量。另外，在屋顶花园建造的时候，应考虑与邻边景观的和谐，实现室内外绿化的协调。它是现代科学技术、艺术与人类文化理想的载体，在现代城市人居环境建设活动中意义深远。

# 立体绿化

## 米兰"垂直森林"

文 / 汪维国

立体绿化
可持续发展
生态系统
URBAN CREATIVITY
AND PRACTICE

**摘要：**

随着工业化的快速发展，人居环境的急剧恶化，对本就处于激烈社会竞争的住民的身心健康造成了巨大威胁。但在当下城市寸土寸金的客观情况无法改变，使其很难拥有大面积"绿肺"为其环境净化服务。由此，米兰"垂直森林"大胆地在建筑中加入了大量乔木和灌木以及草本植物。如果其最后成功了，我们或许可以成功避免一个越来越难以接受的污染环境。本文通过对米兰"垂直森林"的背景概况、理论依据、设计目的与预期效果以及它对城市新型绿化设计的深远影响进行浅析。

**关键词：**

立体绿化　可持续发展　生态系统

Vertical Forest
in Milan

## 一、意大利米兰生态现状与"垂直森林"

### （一）意大利·米兰

米兰，意大利西北方的一座大城市，历史相当悠久，米兰地处温和的中欧型大陆气候以观光、时尚、建筑闻名。夏季炎热、干燥少雨、冬季寒冷多雾。米兰是时尚之都，也是鞋子之乡。其工业集中，空气污染，环境卫生受到一定的影响（图1）。所以其颗粒污染很严重，小污染物颗粒（大于10微微米的颗粒）导致的癌症和呼吸疾病胜过欧洲的其他城市，更是荣登全球最脏的10座城市之一。事实上，据意大利环境组织——意大利环保联盟的研究称，米兰的烟雾比欧洲其他任何城市都多，其臭气含量水平占欧洲的第二大城市。意大利乔瓦尼医学院证实：在米兰生活一天，吸进的污染空气等于吸15支烟。早在2011年10月9日，米兰曾全面禁止机动车行驶，长达10小时，因为空气污染实在太严重了。有鉴于此，"垂直森林"应运而生。

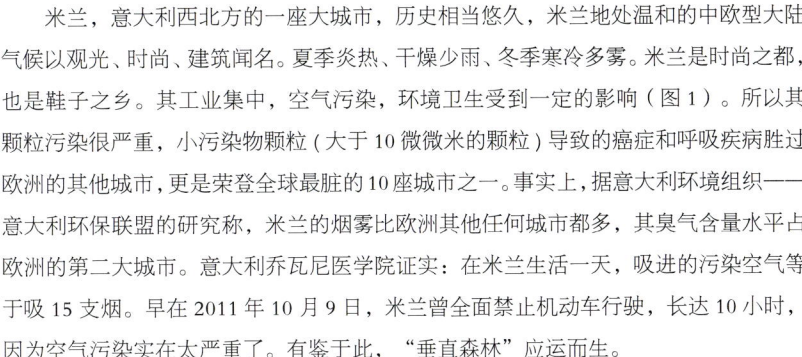

图1
米兰空气污染

### （二）"垂直森林"建筑

图2
Stefano Boeri

"垂直森林"这座建筑预期在2014年春夏完工，并且已经申请了LEED金牌认证。以意大利建筑师Stefano Boeri(图2)为首的工作室提出了"博斯克垂直"即"垂直森林"的理念，作为将城市高密度居住区发展和城市中心绿化相结合的一种途径。这幢位于米兰中心的建筑，是一个双子塔，分别高112米和80米。据监督该工程实施的意大利城市设计和建筑公司"波里工作室"董事米切尔·布伦尼罗称，两幢公寓大楼的阳台上总共将种上730棵乔木、5000株灌木和1.1万株草本植物，相当于1公顷森林所拥有的绿化量。"垂直森林"是建筑师斯蒂凡诺·博埃利的构想，他还曾担任设计和建筑杂志《Domus》的主编。他说，他的灵感来自仙女达芙妮被变成一棵树的神话。事实上，对于日益扩张的现代城市，这样的建筑是绝对必要的。如果将这幢大楼拆分成独立的房屋，将需要5万平方米的地基，另外还需要1万平方米来种植树木。

技术经济指标：http://www.architbang.com/project/view/p/4259

建筑师：Boeri Studio (Stefano Boeri, Gianandrea Barreca, Giovanni La Varra)

地点：米兰

设计阶段：2006～2008年

施工阶段：2008～2013年

图 3 "垂直森林"建筑

## 二、理论依据

### （一）人的自然化倾向

美国建筑大师赖特把建筑看作是对自然界的敏感回应，他设计的草原式住宅和流水别墅，表现了人对自然的尊重和崇尚，这种对自然朴素而强烈的愿望，反映了人对自然的热爱与好奇。而今天城市的可持续发展和生态效应得到关注，人的自然化的倾向又受到大家的重视， 自然环境延伸入城市景观和生活中，成了城市生活特征中的一部分。而"垂直森林"无疑使符合人类这个自然化倾向的本性的。

### （二）"花园城市"概念突破

图 4
福冈市 ACROS 福冈台阶状屋顶花园

英国建筑学家霍华德早在 1898 年便发表了题为《明天的花园城市》专著，他阐述了"花园城市"的理论，提出城市建设要科学规划，突出园林绿化。从 20 世纪初开始，随着伦敦附近的莱斯奇沃思花园城、韦林花园城和澳大利亚首都堪培拉等一系列花园新村、花园新区、花园城市的规划建设，"花园城市"的理想变成了现实。但对于已经极具现代大工业化的米兰来说，这个概念显然无法起到立竿见影的效果——现有客观条件无法满足这个概念的具象化。鹿特丹建筑设计公司 MVRDV 认为，霍华德的"花园城市"概念已经不再适合现在这个人口爆炸的世界。他们的解决方案的核心就是"堆砌"。在 2000 年汉诺威世博会上，M V RDV 展示了一个多层结构——沙丘、草地、围海建造的农田被层层叠放，向空中垂直发展。在荷兰人看来，是时候重新讨论人类与食物、城市和自然的关系了。

### （三）对传统"立体绿化"的大胆创新

图 5
百水公寓

"垂直森林"的设计核心思想本质上来说是一种更大胆的"立体绿化"方式，但它与以往传统的"立体绿化"建筑，诸如福冈市 ACROS 福冈台阶状屋顶花园（图 4）和由百水先生（Friedensreich Hundertwasser，1928-1991）（奥地利艺术家、建筑设计师）于 1985 年设计建造的百水公寓（图 5）等都有所不同。由于时代的局限性以及技术的革新，这些建筑或许不能算真正意义上的立体绿化建筑，其大都未涉及高层建筑立体绿化。这对于现在以高层建筑为主的大型现代都市来说显然是不够的。

### 三、设计目的与预期效果

（一）丰富高楼景观元素

"垂直森林"的乔木与灌木以及大量草本植物的结合立体种植比普遍意义上的垂直绿化效果更佳，更增加了绿化面积，植物的千姿百态和色彩的季节性变化也使得整个建筑的环境富于变化。其大量绿色景观与高楼大厦的硬质景观元素配合得当，相得益彰。建筑生硬的外部轮廓也更富有生机与美感。这会给城市居民的心理健康有很大补益。并且，由于植物随着季节变化而产生不同外观的特性，它们将带给地面上的人们一种视觉完全不同的动态景观：在春天，各种乔木为人们带来一道道绿景；夏天，植物的枝叶将帮助人们躲避酷热的阳光，同时给住户们带来凉爽；秋天，不同种类的树木交织一片片不同颜色的风光；冬天，已经凋零的植物将不再对主人享受阳光造成困扰。并且，由于"垂直森林"在设计之初便已经将树木因素考虑进去，它的阳台分布也与一般高楼建筑有所不同，它的阳台分布错落有致（图6），各个阳台之间不会对植物造成妨碍。

DIALOGU | URBAN CREATIVITY AND PRACTICE

172

图6
"垂直森林"
与众不同的阳台分布

（二）改善"城市热岛效应"

近些年随着大都市建筑密度和机动车的大量增加，城市热岛效应日益加重，空调机的普遍性大幅度上升，在夏天的电力消耗中占份额极大。但是使用时间集中，为此增加发电能力、工业日班改夜班等开支很大。且空调用电进入加重城市热岛效应，成正反馈。而植物的蒸腾作用可以有效降温，其光合作用则可以吸收二氧化碳。用植物覆盖墙面，不占土地，成本极低。美国亚利桑那州立大学曾经做过一项研究，研究表明：墙体绿化可以为建筑与外部环境提供一个温度冷却的缓冲空间。而东京政府也曾进行过一项墙体试验，该试验表明：墙体绿化可以使外部环境辐射到建筑中的热量减少 $0.24 kWh/m^2$，但其受阳光照射角度与墙体朝向因素影响较大。

（三）改善空气质量

1.通过建筑与植物的结合，可以充分利用植物的滞尘作用，这主要是由于大多数植物的叶片比较粗糙，且多具折皱与绒毛，更有植物还可以分泌黏液。植物的这些特性可以有效阻挡灰尘。同时植物的蒸腾可以增大空气的湿度，这对尘土的二次扬起有极大抑制作用。

2.同时，由于现代城市由于大量汽车尾气导致的空气中含有大量硫、铅等有害物质。而植物可以在一定程度上拦阻以及吸收和转化这些有毒物质的。所以，人们会总觉得城里乌烟瘴气、空气恶浊，很不舒服，但回到大自然中就会感觉得好多了。

3.拥有调节环境空气的碳氧平衡的能力——植物通过光合作用，吸收环境空气中的二氧化碳，在合成自身需要的有机营养的同时，向环境中释放氧气。而"垂直森林"中的大量植物不但可以保证其住户在室内的空气质量，同时还可以维持城市空气的碳氧平衡，于内于外皆有巨大作用。

（四）降低噪音污染

米兰的污染不仅仅是由于其工业所产生的空气污染，作为国际大都市，米兰的大量汽车所造成的噪音污染也很严重。意大利著名的轿车和跑车制造商阿尔法·罗密欧（Alfa Romeo），其总部便设在米兰。而在阳台，墙面等空间种植植物，可以有效地对噪音进行减弱。不但对室内居民有很大效果。对整个城市的噪音污染环境也有极大补益。

（五）节能与增加生物多样性

设计者称，居民产生的生活用水和太阳能发电将足以支撑大楼植物的灌溉系统。这个手法是符合现代生态建筑的设计理念大趋势的。这些树木被种在阳台上的一个大罐子里，它们将在各自公寓主人的眼中逐渐成长为郁郁葱葱的大树。设计者希望这个"垂直森林"不仅将成为人类的绿色家园，也将成为昆虫、鸟类和小动物安家的天地。这样可以在一定程度上还原自然环境可以控制在居民可接受范围内。

图 7
建设中的"垂直森林"

## 四、对城市新型绿化设计的深远影响

### （一）新的城市绿化理念

必须要说明的是，这个即将完工的"垂直森林"（图7）只是设计师的更大构想"BioMilano"的一部分。他计划在米兰周围创造一条大绿化带，复兴60个郊区农庄。"这是一种拒绝死板机械技术的生态建筑，符合环境可持续发展"，BoeriStudio 在一份声明中这样说道。由此可见，它不仅仅是一座新的建筑，它更代表着一种新的城市绿化建设理念。若这个理念得以顺利实现并取得效果，那么可以预见，"垂直森林"的设计理念必将不断深入人心，其效果的不断显现，也将会让更多城市接受与采用这一新型城市绿化方式，从而使城市发展模式更趋于健康化与生态化。它将真正意义上实现城市可持续发展。它将使得城市绿色设计是一个设计师与居民共同参与的过程。它应该是大众的，现实的，也是符合美学的。

图 8
墙体绿化

### （二）新的城市绿化方式

它不同于一般意义上的单纯的屋顶绿化和建筑外立面垂直绿化（图8）。而是一种更自然，更生态的城市建筑设计方法。它实现了实用与观赏价值的统一，并且有效地避免为了获取大面积绿化而大肆改建城市的弊端。设计的错落有致的阳台更有利于植物生存，每个阳台空间就有两层楼高。一组专职园艺师将负责管理这些树木，楼顶最高的树木将来可能会长到9米多高。这存在众多工程学和园艺学的问题，需要建筑师、工程师和植物学家的合作。在"垂直森林"建筑项目中，树木是关键因素。如此，一个生物小组历时两年，根据树木所在建筑立面的位置和它们的高度确定了在什么地方种植什么类型的树木。在这个项目中所用到的植物都会经过有针对性的生长和预培养。在这段时间内，植物会逐渐适应它们将在建筑中所遇到的环境条件，并创造出能够过滤阳光的湿润微气候。这是以往传统"立体绿化"建筑中未曾有过的。

## 五、结语

　　或许"垂直森林"不可避免地存在一些问题，诸如种植如此多高大乔木的高层建筑对雷雨天气抵抗问题以及楼层荷载问题等，正如设计者博埃利曾表示的，目前安全问题是决定该项目成败的主要因素。"如果楼上的树木被大风吹断并从高处落下，那可能会酿成大祸。我们正通过风力涡轮机对各种树木进行安全测试以确保万无一失"。并且在设计过程中，对于这些植物高度各不相同，随着高度不同，所选植被也根据抗风情况等条件进行了不同的分配。但"垂直森林"是一个双子塔，高度分别为 112 米和 80 米，其高度一旦遭遇雷雨天气，落雷问题是一个不容忽视安全隐患。除此之外，两幢公寓大楼的阳台上总共将种上 730 棵乔木、5000 株灌木和 1.1 万株草本植物，相当于 1 公顷森林所拥有的绿化量。种植如此多植物，需要大量土壤，对于建筑尤其是其大尺度挑出阳台来说，其荷载是一个必须解决的问题。

　　但我们有理由相信，并且那也将是一个必然，随着我们的建筑技术的不断提高与改进，将使我们对于建筑与绿化的相结合会有更多元化的，更合理的探索。并且对于建筑本身的能量消耗的特性也将发生改变，它必将会是正面的、积极的改变，从而在新型城市生态建设中承担重要角色。这也会给予人们一个更生态，更健康的环境。"垂直森林"告诉我们不能被传统理念所束缚——高楼上也可以种大树，城市的可持续发展具有无数可能性。事实上，无论"垂直森林"最终效果如何，它都代表了从城市手中夺回消失的自然的努力和尝试，也将是我们对未来更生态和健康的城市发展模式的一种探索。它对于我们在建筑与景观绿化方面的借鉴作用都是巨大的。

URBAN CREATIVITY AND PRACTICE

实践篇

**01**

项目
设计

城市·创意·实践

URBAN CREATIVITY AND PRACTICE

彭岳枫

长沙洋湖城市广场设计

**设 计
创 作**

# 长沙洋湖城市广场 景 观 方 案 设 计

## 案例分析

### 杭州"城市阳台"——钱江新城

钱江新城位于这个省杭州市城区的东南部，钱塘江北岸，距离西湖风景区约4.5公里。占地范围为西至杭甬告诉，东靠和睦港，北至良山东路，南临钱塘江。

钱江新城代表了未来杭州的品质和形象。面对"西湖时代"的"三面云山一面城"、"小家碧玉"。钱江新城有以江面宽度达到1000米的钱塘江为依托的宽阔城宇，在规划布局、建筑风格中追求钱塘江特色，延续西湖的历史文脉、人文气质。既体现新城的现代、开阔、大气、高度，又孕杭州的灵气、文化、历史、个性以新城的大气与西湖的秀美形成强烈的反差，彰显传统与现代的相互辉映。

### 北京CBD现代艺术中心

该项目身居高楼林立的都市环境，东望央视北配大楼，西对世贸天阶"全北京向上看"，南北与现代艺术走廊相衔，为百米高的"新城国际"、"光华国际"和"以太广场"建筑群所环绕。

通过了，简单的设计塑造了简洁、精致的商务广场，营造了一个城市中心的绿廊空间。通过立体交通为使用者提供了不受机动车干扰游览步行条件，使之成为CDB区域唯一不被机动车交通干扰的最为人性化的城市公共空间，它也必将带动整个绿廊空间品质的提升。

## 设计策略

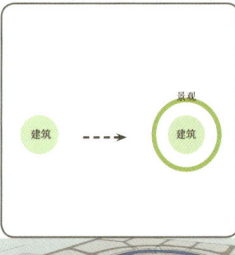

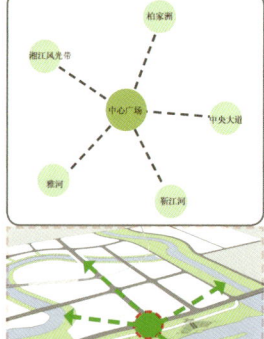

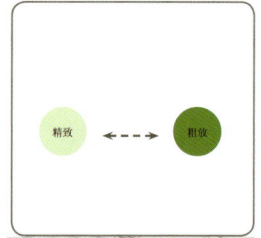

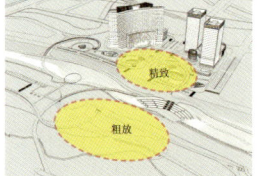

**继承**
——继承原有设计的商业建筑布局与车行交通流线。

**联系**
——利用中心广场串联靳江河、雅河、中央大道、湘江风光带、柏家洲，形成区域生态绿色廊道。

**对比**
——洋湖城市广场的精致化城市景观与滨水区域的粗放型生态景观形成对比景观，加深了景观辨识度与观赏性。

设计构思
Design Conception

# 长沙洋湖城市广场 景观方案设计

## 区位分析

　　广场地上用地面积涵盖地块东南角（区域C、2510㎡）、地块东南角（区域D、2508㎡），以及区域A（24579㎡）和区域B（9005㎡），地上面积总计约38602㎡。

　　周边建筑为柏宁酒店和柏宁写字楼，建筑属性要求景设计在考虑广场整体统一性的同时，更要求强化室内外的空间联系。

　　中央景观大道（区域B）与湘江风光带、柏家州相互割裂，缺乏联系，未形成良好的景观效应。

　　根据分析图，不难看出洋湖城市广场区位优势显著。地块、中央大道周边紧临三处滨水风光带，非常适合与景观的配合；建筑前预留了广场的位置，广场的功能利用以及相应的交通路网比较明确。但同时也面临着若干问题。由于湘江风光带已经建成，广场的建筑考虑到风格以及效果的统一将对现有场地重建，势必会造成经济损失；两条城市主干道的穿越对广场的形象造成一定的影响；地下商业布局对广场形态造成一定限制。

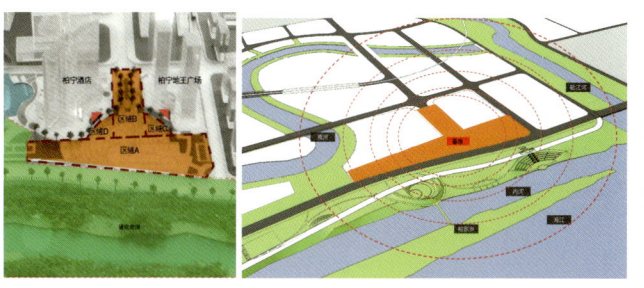

## 设计构思

### 舞动的波纹

　　以"舞动的波纹"为设计灵感，创造富有灵动的禅意城市广场空间，并将这种形式融入滨水洲岛景观，形成统一的整体景观环境。

### 流线之美

色彩之美

"飘带"元素

形态之美

肌理之美

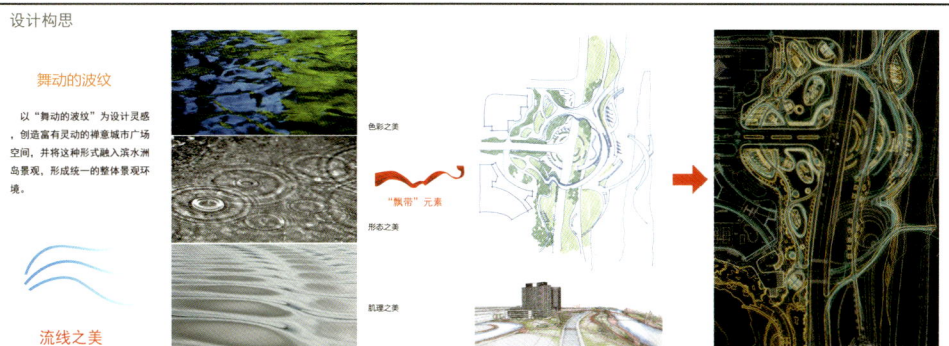

以"舞动的波纹"为设计灵感，创造富有灵动感的城市广场空间。

在原方案基础上，结合地下商业空间，强化了与推河、湘江风光带的对接。

## 交通路网

　　在原有基础上增设地下车库车行出入口，加强车行交通的灵活性，保证即使在高峰期也不会出现拥堵的现象。

　　步行道多层次的组织人流集散，多个出口缓解人流压力，多条干道分流人群，尽量偏到人车分流，同时让步行道与景观结合在一起，让步行道成为生态绿道。

流线分析

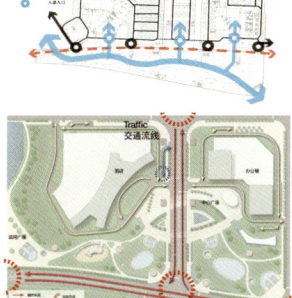

Traffic
交通流线

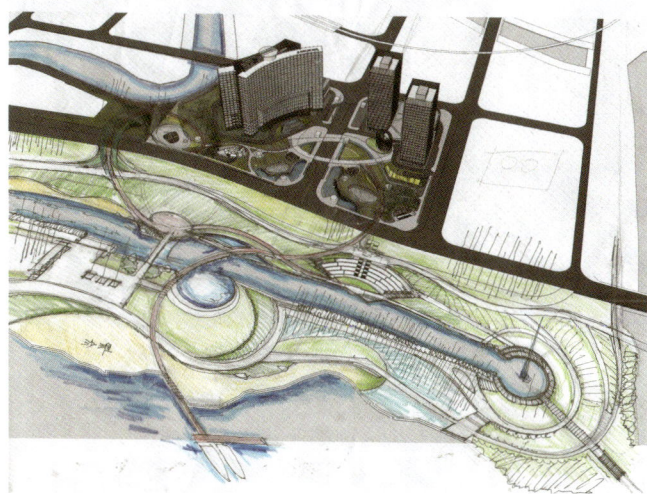

功能分区
Function Partition

# 长沙洋湖城市广场 景观方案设计

## 交通分析

## 总平面图

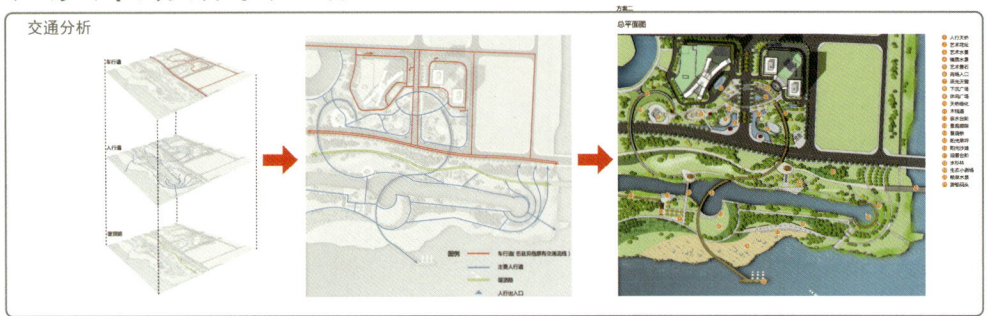

## 生态系统

支持服务：生态系统具有综合效益，它既具能调蓄水源、调节气候、净化水质、保存物种、提供野生动物栖息地等基本生态效益，也具有为工业、农业、能源、医疗业等提供大量生产原料的经济效益，同时还有作为物种研究和教育基地、提供旅游等社会效益。洋湖城市广场的生态循环和植物繁殖是最重要的部分，利用多种类别的生态走廊，以增加生物栖息地的多样性。东边的柏家洲非常适合野生动物栖息，这条生态走廊能承载沿线很多鱼类和野生物种。柏家洲上的滨水湿地，通过蒸腾作用能够产生大量水蒸气，不仅可以提高周围地区空气湿度，减少土壤水分丧失，还可诱发降雨，增加地表和地下水资源，助于调节区域小气候，优化自然环境，对减少风沙干旱等自然灾害十分有利。同时利用水生植物的作用，以及化学、生物过程、吸收、固定、转化土壤和水中营养物质含量，降解有毒和污染物质，净化水体，消减环境污染的重要作用。

生态供应链：是可持续发展思想在运作管理领域的具体应用。生态型设计兼顾了经济效益和生态效益，是生态供应链的核心内容。生态型设计的实质是通过整体优化和局部优化来降低各节点企业的环境影响，借助于生态型设计可以把传统供应链代表的单程经济转化成生态供应链代表的循环经济。

在进行生态型设计时，不仅要考虑生态供应链的经济效益，还要考虑生态效益和社会效益，再加上供应链是由多个企业构成的功能网络，所以生态型设计是一项包含了众多因素的复杂系统工程。生态型设计既可用于构造全新的生态供应链，又可用于改进和完善现有供应链的环境性能。生态供应链的设计既有个性，又有共性。

洋湖城市广场的绿色生态系供应链作为一种新的管理模式，符合可持续发展的要求，代表了未来生态管理的发展方向，绿也是色物流是经济可持续发展的必然结果。

草地

生态过滤池

水下栖息地

漫滩露台

高地树林

滨水湿地

苗圃

采摘体验

摄影教学

户外体验

公共活动

水上娱乐

## 河道进化

# 长沙洋湖城市广场 景观方案设计

## 广场花园-人行观景天桥

南部的人行观景天桥在分辨串联广场与各个洲岛环境空间的同时，宛如飘带一般的观景桥本身也是一个极大的景观特色，成为广场-水岸-洲岛的景观空间模式，形成洋湖片区乃至长沙的花园式"城市景观阳台"。采用木质结构，配合钢化玻璃，不锈钢护栏，给人现代简约生态的感受。

## 中央广场区域

以创意流动的中央广场，与周围的建筑形成视景通透，构成围合式的城市花园。广场区域融入流水意境，构造现代商务办公休闲的诗情画意。在变化与营造绿色生态环境的同时通过"透景""漏景"强化功能区""丰富空间感受"建筑立面的铺装延续"彰显周围现代建筑特色，呼应建筑功能。

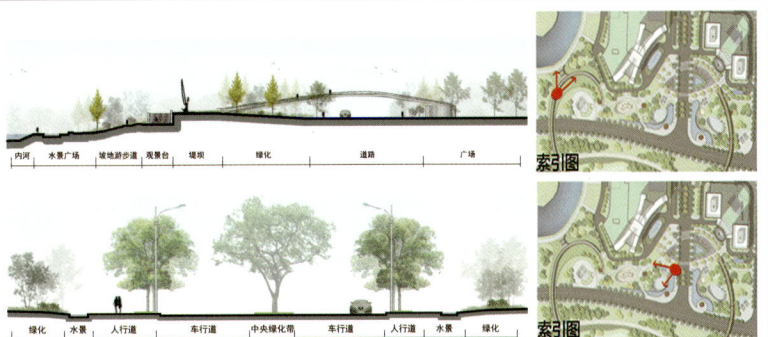

王学艺

阿富汗巴米扬文化中心概念设计

**设 计**
**创 作**

# Bamiyan Cultural "Ring"

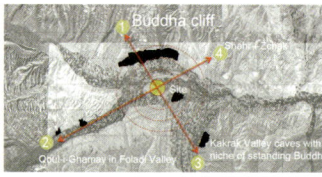

## Design Description:

Located in the province of Bamiyan Bamiyan Valley Cultural Landscape and Archaeological Remains to showcase the cultural characteristics of ancient Bactria art and religion, as an important protected areas in the world cultural heritage, the cultural center of the region remarkable building is particularly important.

We will base itself and the surrounding environment and cultural history, etc. were analyzed and summarized, eventually architectural design concepts as: "Ring", a symbol of the cycle, the eternal meaning. It represents the Bamiyan Buddhas teachings carried endless stay in the Bamiyan Valley, never fails. At the same time, the ring also implies that connection, it acts as the central contact with the Bamyan and Afghanistan, Bamiyan and contact with the world, it is a cultural crossroads, and we hope the cultural center of the ring can be hope and inspiration into something tangible . Ring is generated on the basis of the circle, circle the shape of the sun, in the religion Max Muller said: "All myths are derived from the sun." Nimbus and halo is produced by sunlight reflected on the art and extension, symbolizing the successful spiritual realm.

Architectural form is a manifestation of the concept of "ring", the main building will be buried at the base, and just the right combination of base, creating a sound of silence at this time of conception. Underground architectural form rammed architecture not only save time for a long time, can also play a suitable temperature cool. The main building is located in the higher elevations of the base portion of the inner circle in the middle of a sunken circular plaza, Plaza

Cente
the ma
make
tural a
and th
ondly,
ing, th
Bamiy
while a
square

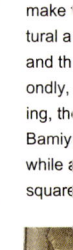

# a natural landscape architecture

View from the Buddha cliff

View from street level looking east

Architectural concept Ring

as a cultural landscape, reflecting for cultural integration. Interspersed in
ng with two axis channel based around the intangible cultural heritage, to
surrounding environment contact. We tried to receive the surrounding cul-
through a comprehensive perspective, while the way around the bu ilding
er linked. To solve lighting problems, first set up a ring skylights, and sec-
surface of the windows designed as shrines, which not only solved the light-
ape have the same purpose grotto.
de into a cultural center and close ties surrounding landscape architecture,
we set up with the main part of the building echoes the circular assembly
he interaction and cultural center, so local residents more willing to accept it.

**The concept of intent from the natural
landscape: Tianchi, alpine lakes.**

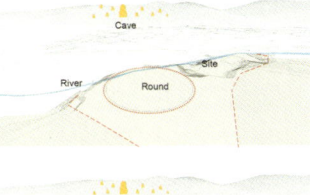 

Cave

Round

River

Site

Cave

River

Sink

Site

Cave

River

Sink landscaped plaza

Site

Cave

River

Cross the walkway

Site

Cave

River

Viewing platform

Intersect to form embedded entrance

Site

Cave

River

Site

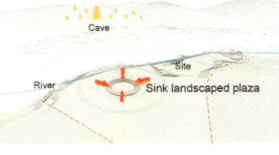 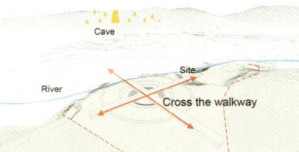

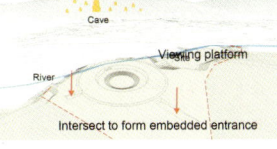 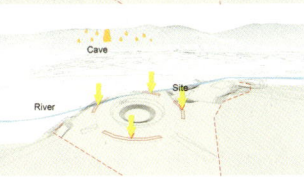

Cave

River

Afghanistan map view

Site

Cave

River

Sunken lighting channel

Handicapped ramp

Solar panel

Site

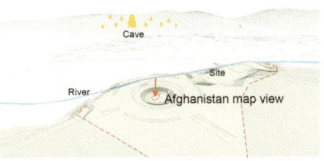 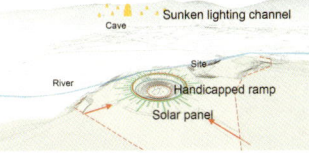

**Bamiyan Cultural Center is also located in the higher elevations, we would like to
create a harmonious natural landscape, rather than a mandatory appendages.**

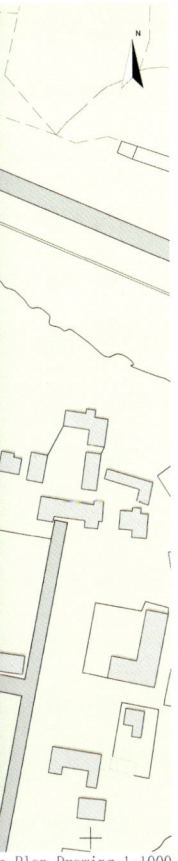

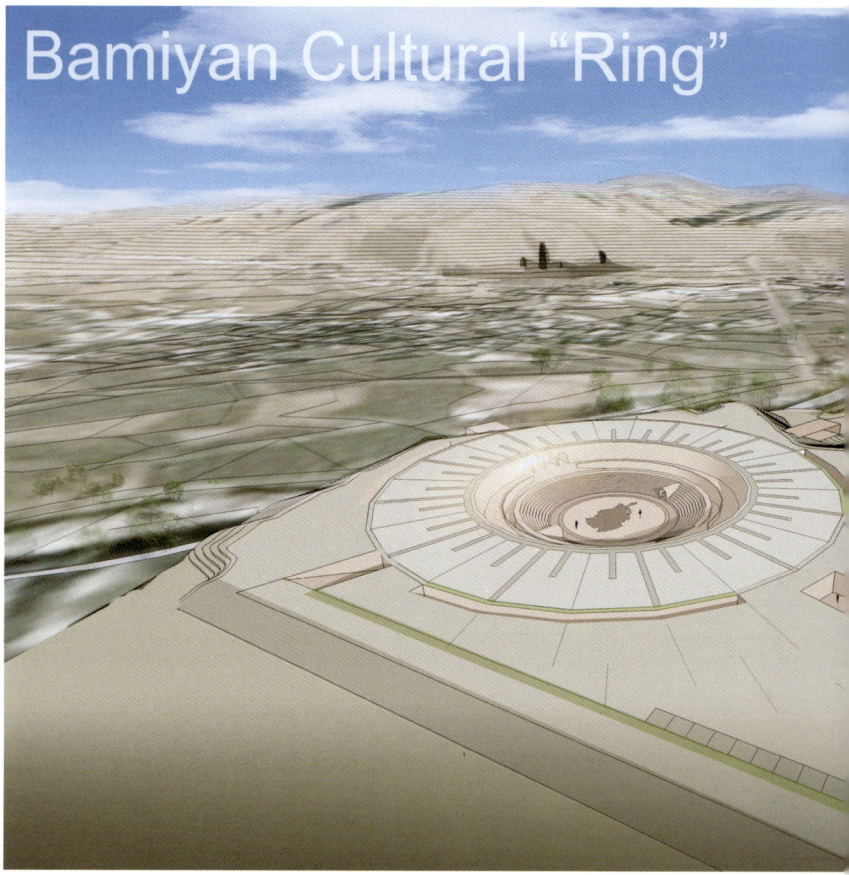

# Bamiyan Cultural "Ring"

We completed the overall design concept of the program, Bamiyan cultural center can give not only in memory of the intangible cultural heritage, but also be able to bring hope to the local people. We thank the organizers for providing this opportunity to serve the Afghan region of Bamiyan.

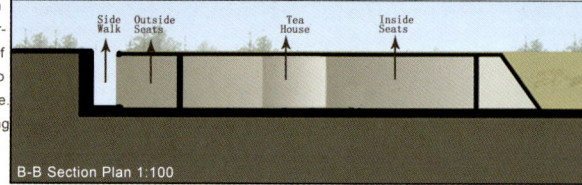

B-B Section Plan 1:100

Views of Passageway

Views of Rese

Solar Energy

Electrode
Reflect-Proof Film
N-Type Semiconductor
P-Type Semiconductor
Electrode

Solar Cell

Solar Panel

Electrical
Equipment

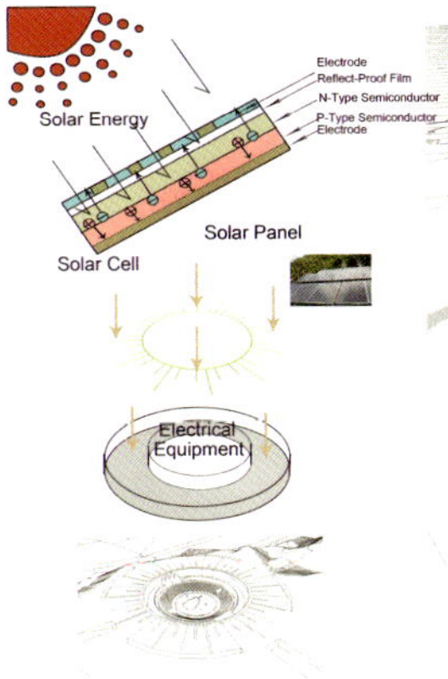

Views from Buddha cliff

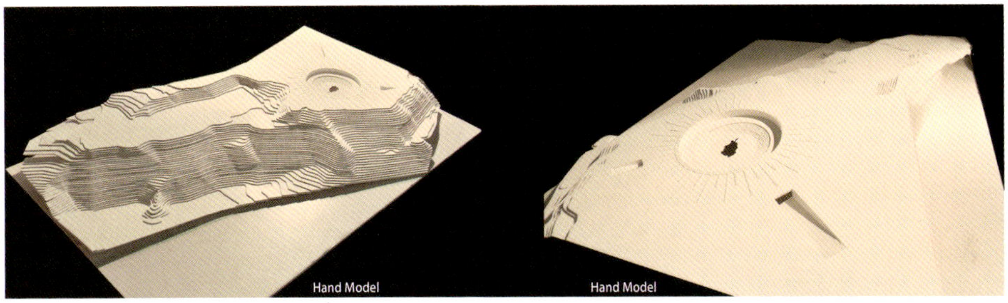

Hand Model          Hand Model

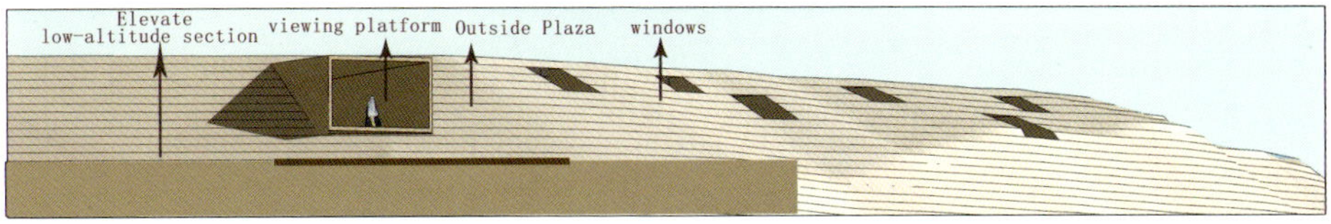

Elevate
low-altitude section   viewing platform   Outside Plaza   windows

Aerial views

Entrance

Bamiyan cultural wall
Providing a public space for civil city

Side          Solid Walls      Side
Walk   As a Future Development   Walk      Classroom      Lighting
channel

Views of Entrance

# Bamiyan Cultural "Ring"

▲ **Views of the Platform**

▲ **Views of the Exhibition Space**

▲ **Views of the Research Space**

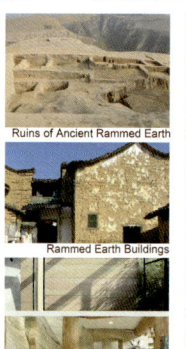

Ruins of Ancient Rammed Earth

Rammed Earth Buildings

Modern Rammed Earth Buildings

Digging the Foundation

Rammed earth Tools

Case of Construction Site

▲Rammed earth is a low cost, and have a good heat resistance, and green building materials from nature. Underground building form rammed architecture not only save time for a long time, can also play a suitable temperature.

Circular landscai
intangible cultur

Ensure the integ
future of the buil

Flow lines inside
characters, and

Buddha Cliff

Linking with the s
platform, creating

At the site of the
consistent with tl

Granite
Brickwork
Cement mortar

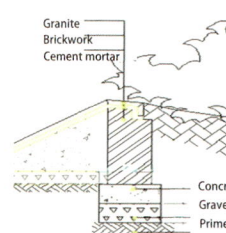

Concr
Grave
Prime

▼ To cater to the shrines facade styling, we c
which can make the appearance of the buildi
intention of the cultural center, while also a
construction of rammed earth structures
creased the interest of the building.

viewing platform

Outdoor gatherings Square          windows          windows

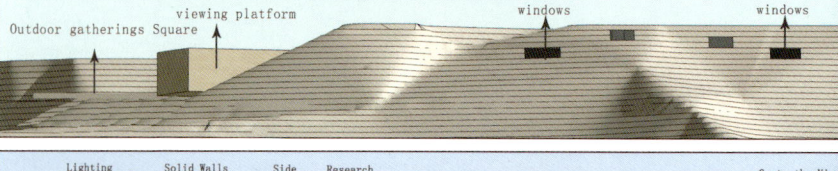

Lighting       Solid Walls       Side    Research                                    Go to the View
channel    As a Future Development  Walk     Room

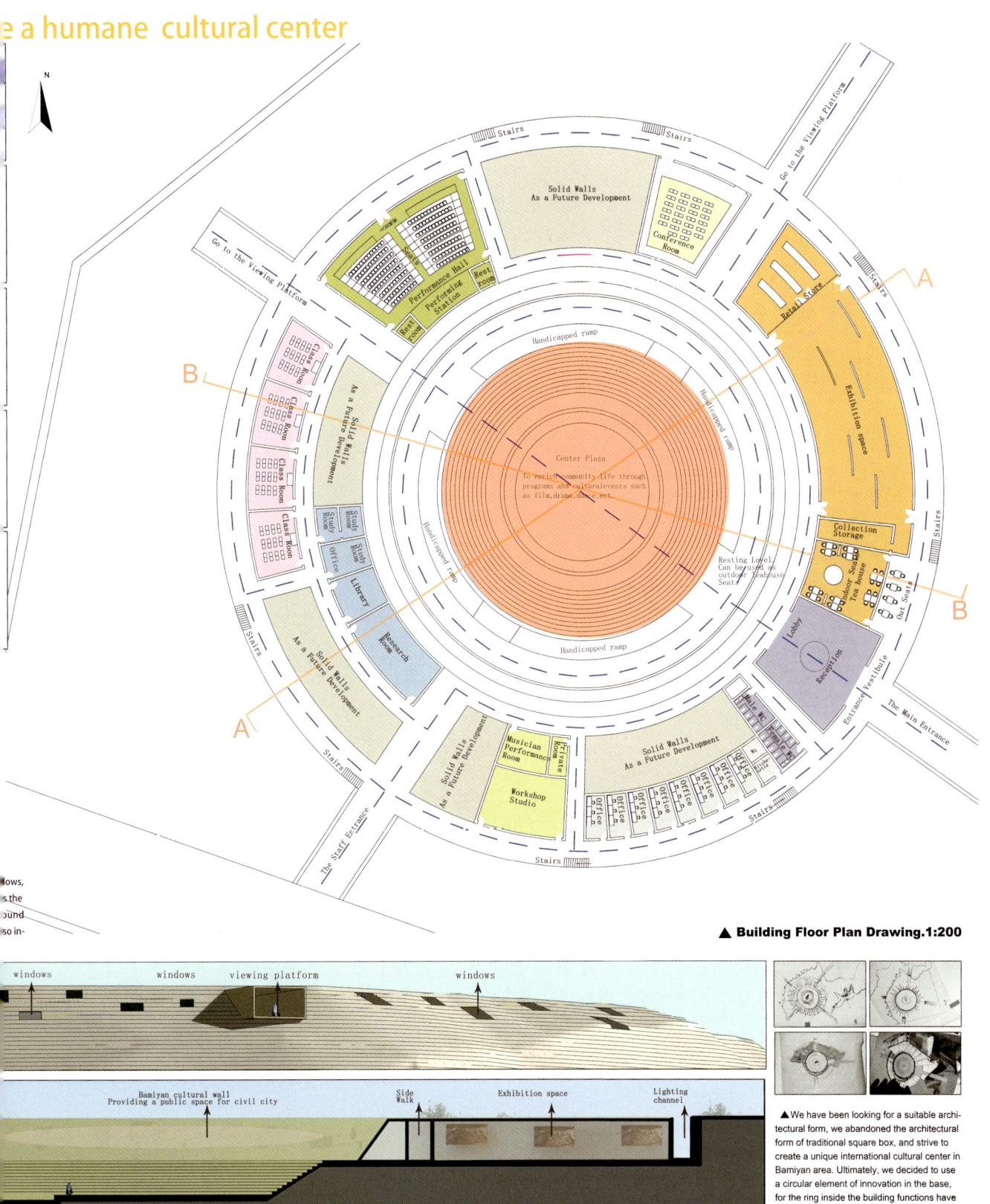

N

Go to the Viewing Platform

Stairs  Stairs

Solid Walls
As a Future Development

Conference Room

Go to the Viewing Platform

A

Retail Store

Performing Hall
Performing Station

Rest room

Rest room

Exhibition space

Class Room

Class Room

Class Room

Class Room

B

As a Future Development

Solid Walls
As a Future Development

Study Room

Study Room

Office

Library

Handicapped ramp

Center Plaza
To enrich community life through
programs and cultural events such
as film, drama, dance, ect.

Handicapped ramp

Handicapped ramp

Collection Storage

Outdoor Seats Tea house

Out Seats

B

Resting Level
Can be used as
outdoor Teahouse
Seats

Research Room

Stairs

A

Solid Walls
As a Future Development

Stairs

Solid Walls
As a Future Development

Musician Performance Room

Private Room

Workshop Studio

Office Office Office Office Office Office Office Office

Solid Walls
As a Future Development

Lobby

Reception

Entrance Vestibule

The Main Entrance

Stairs

The Staff Entrance

Stairs

▲ **Building Floor Plan Drawing.1:200**

windows  windows  viewing platform  windows

Bamiyan cultural wall
Providing a public space for civil city

Side Walk

Exhibition space

Lighting channel

A-A Section Plan 1:100

▲ We have been looking for a suitable archi-
tectural form, we abandoned the architectural
form of traditional square box, and strive to
create a unique international cultural center in
Bamiyan area. Ultimately, we decided to use
a circular element of innovation in the base,
for the ring inside the building functions have
also been a lot of analysis.

肖京泽

荷兰阿姆斯特丹 MH17 纪念园设计

## 设 计
## 创 作

## 设计背景
## The Background

2014年7月17日，一架从荷兰阿姆斯特丹飞往马来西亚吉隆坡的国际客运航班——MH17，原定用于吉隆坡当地时间2014年7月18日早晨5点10分到达，但却在乌克兰与俄罗斯边境以东坠毁，失去联系。最后在乌克兰东部靠近顿涅茨克的40公里的边境坠毁处，机上298人员全部遇难。在遇难人员中，至少有20个国家在飞机上，其中80多名儿童。机组人员及为马来西亚人，乘客中193名为荷兰人，其余为澳大利亚与马来西亚人。这些人为纪念载事件曾举行了各国和社会各界。直到欧洲联盟曾影响了整个世界及近千上万人的生命。最重要的是这个纪念碑事件影响着7个月——这个民族在这个事故中失去了亲友，因此，阿姆斯特丹作为一次航班到飞行到达的起点，被选为MH17纪念国地点。最后决定使用阿姆斯特丹中心位置的MARINE ESTABLISSEMENT作为这个纪念节点。

## 项目概况
## The project situation

该城市位于荷兰阿姆斯特丹，阿姆斯特丹是荷兰最大的城市，常住首都、港口之地经济中心，也是欧洲第四大的航空港。阿姆斯特丹所在市中心计划旅游多点区域，市内河网密布，众多的水系、海湾运河道、海湾区等区域、周围地、有连接中央车站的铁路。而此土地是座文明的古城的东北部一区间，东边的主要是要拉建之一的总理银行、Marine Establissement曾是历史的东东，它已经存在了约350年，现位位于Plattenburg路之上，东与船厂的战舰都是在Marine Establissement旁边。2013年12月，当地政府向国际组织开始对这个地方景观设计、生活和工作中建的协议。上应这个区域的改善过位是作为城市的历史风貌的主建义起至1997之后，这沿黄粟护遮原先是真在这些建筑有了一系列的公共空间，并将为阿姆斯特丹文化基础设施的一个重要节点。

阿姆斯特丹河网和港口图

## 存在挑战和解决策略
## Challenges and Solutions

### 1. 如何提升区域价值，聚集人气，成为阿姆斯特丹的一个绿色基础设施？

以分层设计形式打造一个功能开放、生态绿色的城市公园，并通过开放的功能设置吸引人气、聚集人群，满足城市内人们的需求，打造成为阿姆斯特丹绿色的基础设施。

阿姆斯特丹城区公园类型

 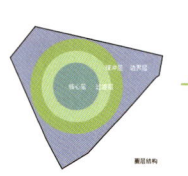 

### 2. 如何延续阿姆斯特丹的文化内涵，使场地成为阿姆斯特丹的一个文化基础设施？

荷兰阿姆斯特丹历史悠久，特别是当地所处的中心城区，样貌密布，河网区域，玛允起林之间。设中心聚集和发散的原型模式，作为这个的退缩地之上，由于这个这个文化基础周围的历史文化位置重要性设置的，且是地在历史之上延续阿姆斯特丹的个个文重身心与军事血海厂，场地提供阿姆斯特丹的城市形象，设置开放空间供节庆、娱乐、活动，有着开放性标，吸引个性文化的氛围。

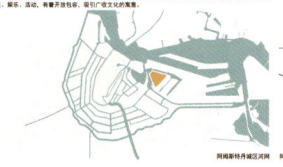

阿姆斯特丹城区河网图    阿姆斯特丹城区"蛛网式"河网形式

 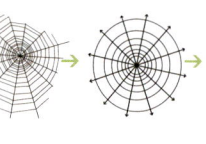 

### 3. 如何纪念？

通过不同式样的空间布局和开放性的空间结构，起到聚集、引导的作用，同时利于各个方向各种交通方式便捷的到达场地，形成开阔平和、安全宁静的纪念氛围。

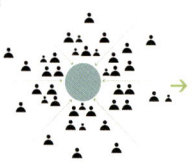  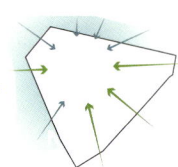

设计构思
Design Conception

## 方案推导
Program derivation

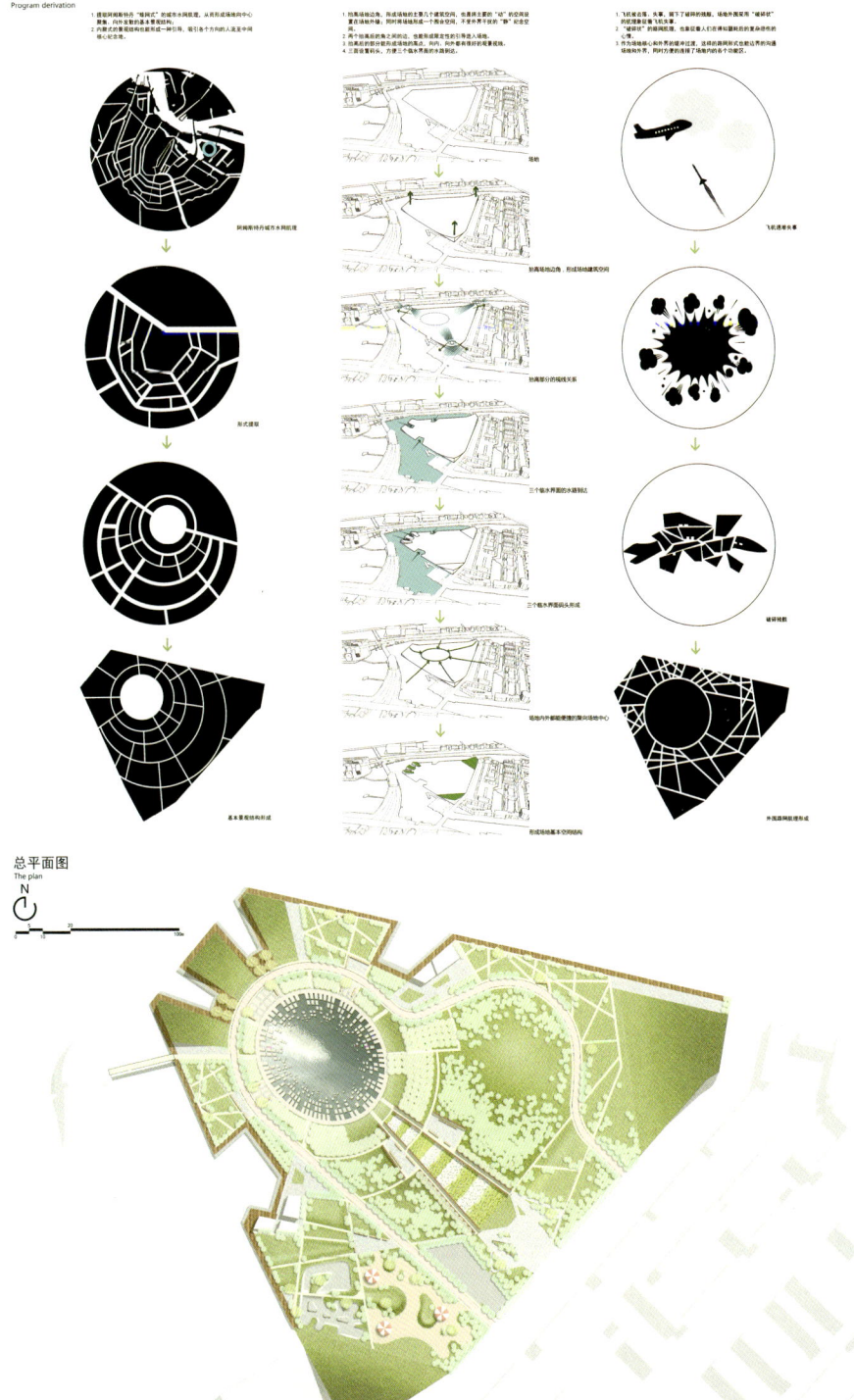

## 总平面图
The plan

N

设计构思<br>Design Conception

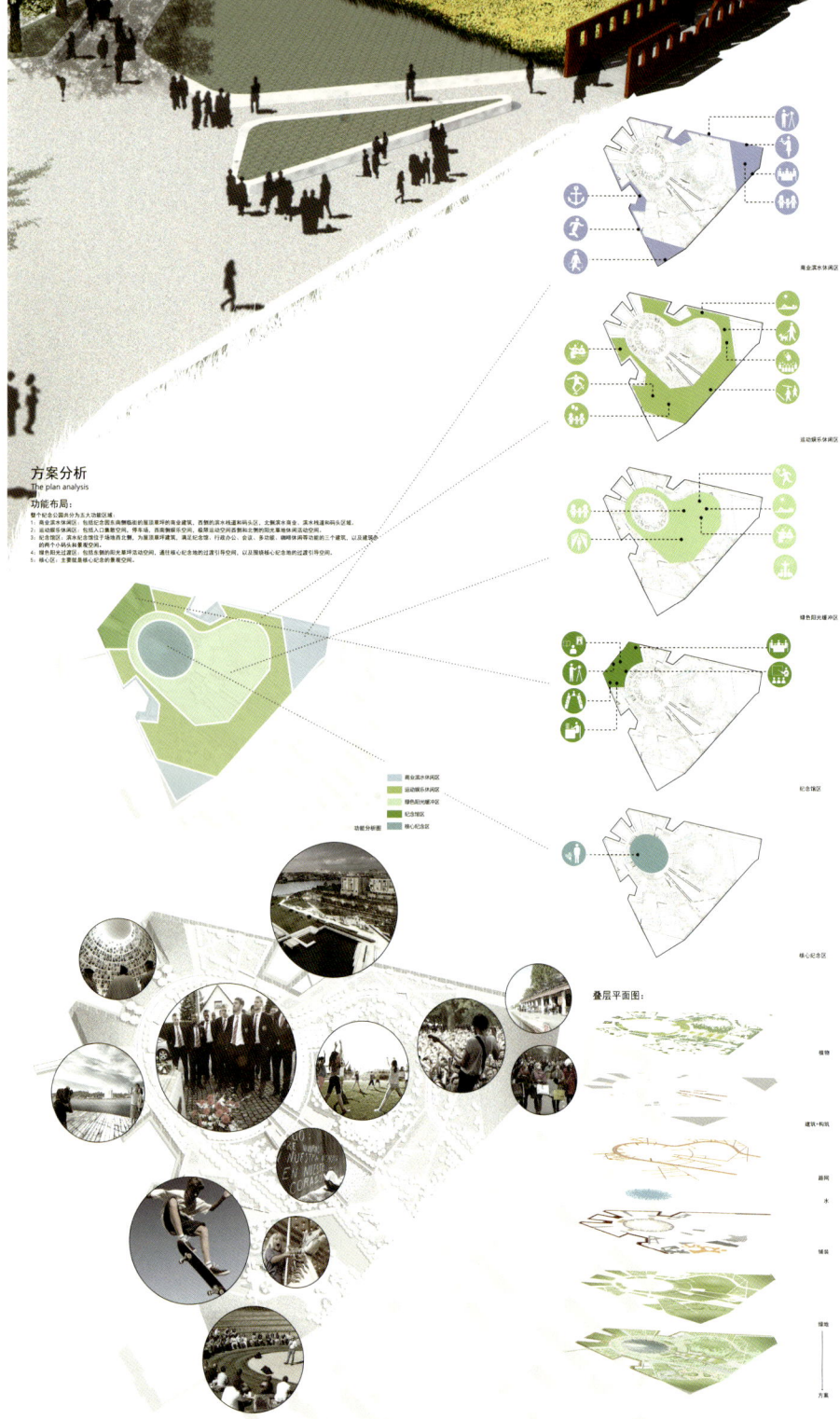

## 方案分析
### The plan analysis

**功能布局：**

整个纪念公园共分为五大功能区域：
1、商业滨水休闲区：包括纪念全园名典雕塑的屋顶草草坪的商业建筑，首要的滨水栈道和码头区，太阳滨水商业、滨水栈道和码头区。
2、运动娱乐休闲区：包括入口集散空间，停车场，亲商娱乐空间，极限运动空间的商业与商的阳光草地运动空间。
3、纪念馆区：纪念馆位于平张场的北侧，为展示展宇建筑，满足纪念、行政办公、会议、多功能、咖啡休闲等功能的新的三个建筑，以及建筑办的几个小码头商置空间。
4、绿色阳光过渡区：包括各树的阳光草坪活动空间，通过纪念地的过渡引导空间，以及展现核心地的过渡引导空间。
5、核心区：主要集是核心纪念的景观空间。

功能分析图

- 商业滨水休闲区
- 运动娱乐休闲区
- 绿色阳光缓冲区
- 纪念馆区
- 核心纪念区

商业滨水休闲区

运动娱乐休闲区

绿色阳光缓冲区

纪念馆区

核心纪念区

叠层平面图：

植物

建筑+构筑

路网

水

铺装

植物

方案

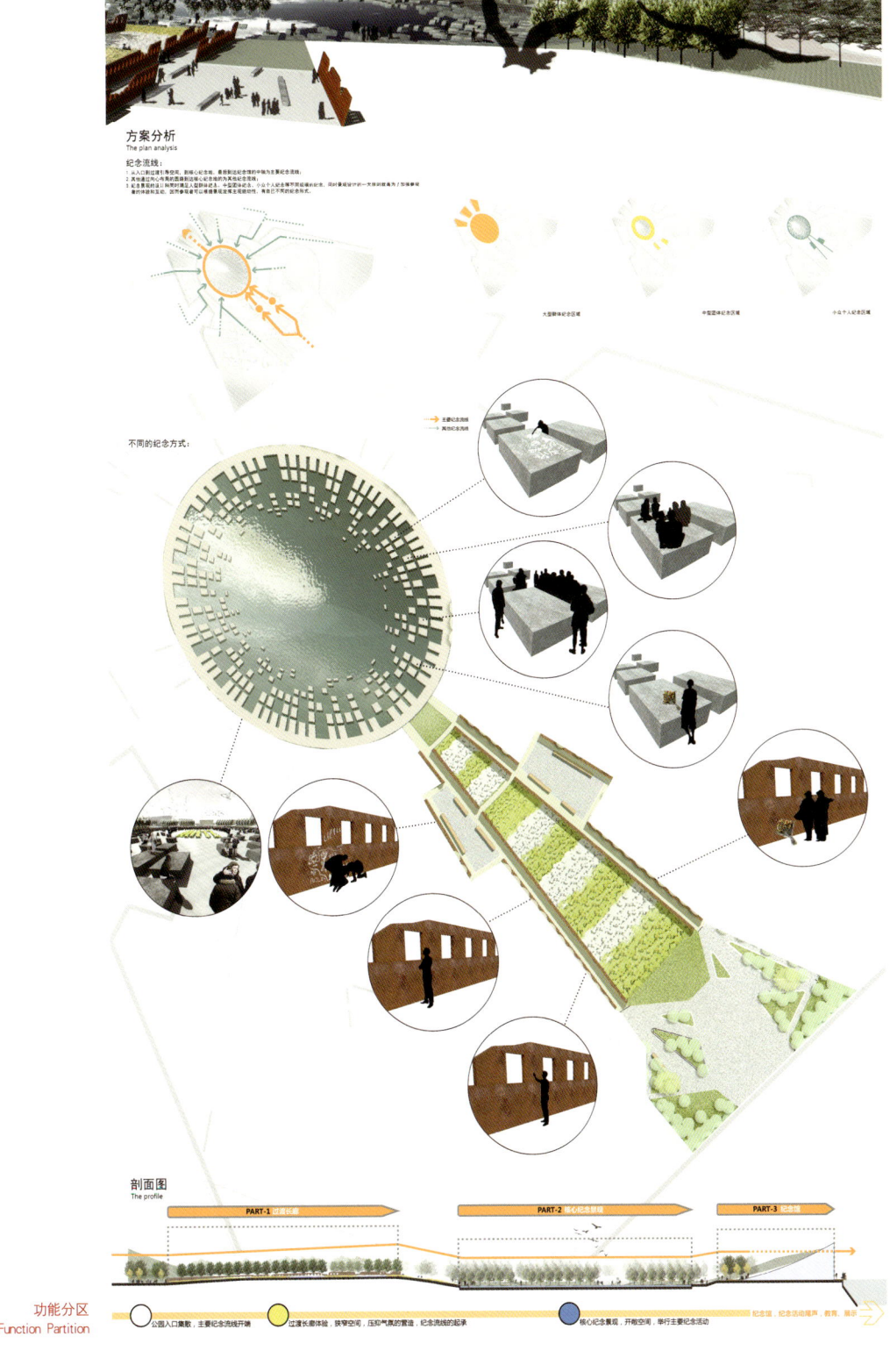

方案分析
The plan analysis

纪念流线：

1. 从入口进入有导视牌，到核心纪念地，最后到达纪念馆的中轴为主要纪念流线；
2. 其他通道为小有局的围绕着这样心纪念地的为其他纪念流线；
3. 纪念景观的设计采用对地人型体验点。中型团体状态态、小公个人纪念等不同组成纪念。同时景观设计的一大特别是设施为/型体验
   者的体验知互动，然而参观者会以感情景是观视的纪念。有自己不同的纪念形式。

不同的纪念方式：

主要纪念流线
其他纪念流线

剖面图
The profile

PART-1 过渡长廊          PART-2 核心纪念景观          PART-3 纪念馆

功能分区
Function Partition

公园入口集散，主要纪念流线开端    过渡长廊体验，狭窄空间，压抑气氛的营造，纪念流线的起承    核心纪念景观，开放空间，举行主要纪念活动    纪念馆，纪念活动提声，教育、展示

刘婷

宁夏煤炭地质博物馆广场景观设计

## 设计
## 创作

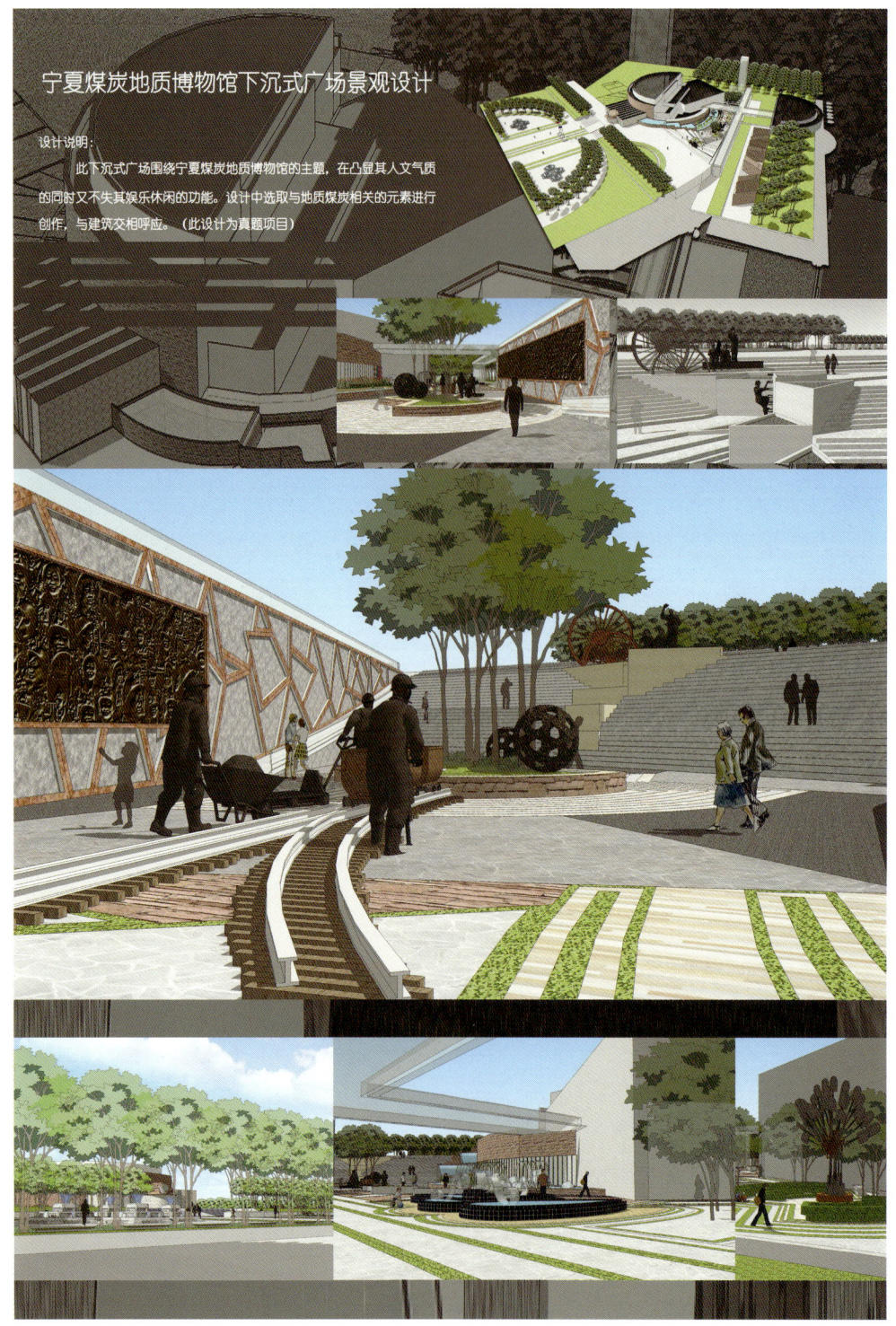

宁夏煤炭地质博物馆下沉式广场景观设计

设计说明：
　　此下沉式广场围绕宁夏煤炭地质博物馆的主题，在凸显其人文气质的同时又不失其娱乐休闲的功能。设计中选取与地质煤炭相关的元素进行创作，与建筑交相呼应。（此设计为真题项目）

设计构思
Design Conception

柳叶

勒阿弗尔港口景观设计

**设计
创作**

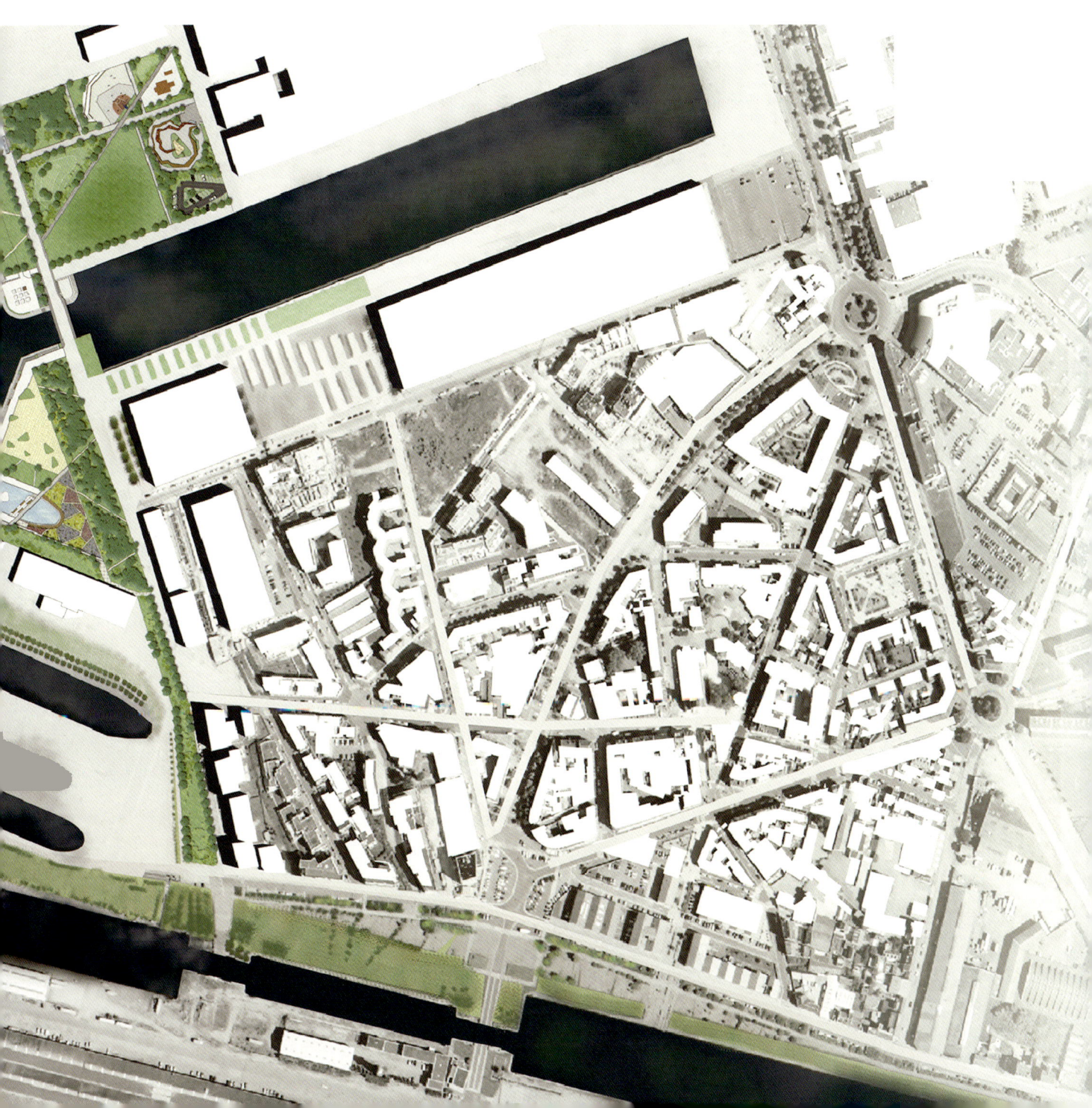

## 区位

勒阿弗尔市地处法国北部诺曼底地区位于塞纳河河口，濒临英吉利海峡。是法国海岸线上横渡大西洋航线的远洋船舶到欧洲的第一个挂靠港，也是离开欧洲前的最后经停港。勒阿弗尔是法国第二大输出港（仅次于马赛），集装箱货运量则居法国第一位。

## 概念来源

勒阿弗尔市独有独特的港口资源，但与发达的航运相比，城市内部的绿地面积却相对较小。因此，本项目旨在为城市居民提供一个良好的休闲娱乐空间，增加城市绿地的面积，并在设计中加入码头的特色元素，打造独具魅力的港口特色公园。

人　　　　　　　　　　　　　　环境　　　　　　　　　　　　　　空间

## 方案形成

### 功能分区细化

总结现有的交通流线，并根据周边建筑的不同功能和性质，对设计的3个主要部分进行进一步的细化，针对不同的服务对象划分其主要功能。

针对不同的功能对内部的结构和景观节点如何设置进行初步的考虑和规划。

### 方案分析图

根据右边环境的特点和服务对象的特点，在整个设计范围内设置6个主要景观节点，分别是篮球场、滑板公园、商业休闲广场、码头广场、滨水活动场和亲水活动区。为整个遗弃已久的绿地增添了无限的活力。

### 概念初步

根据右场地周边环境的特征将设计场地分成3个主要部分，最北端的"运动区"，中部的"码头公园"和南端的"淡水互动区"。各个部分之间用绿地空间串联起来，为这一区域提供休闲娱乐的，连续的，特色的淡水景观公园，并在其中融入当地的历史文化特征，包括特色元素符号、特有材料、特色植物等。

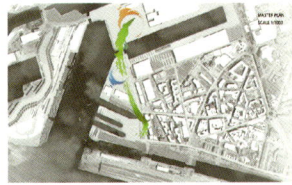

概念初步

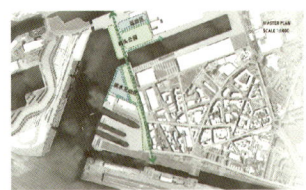

功能分区细化

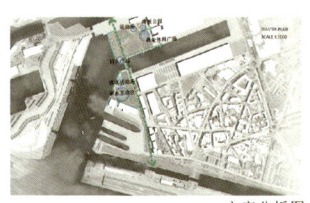

方案分析图

设计构思
Design Conception

## 主要景观层次示意图

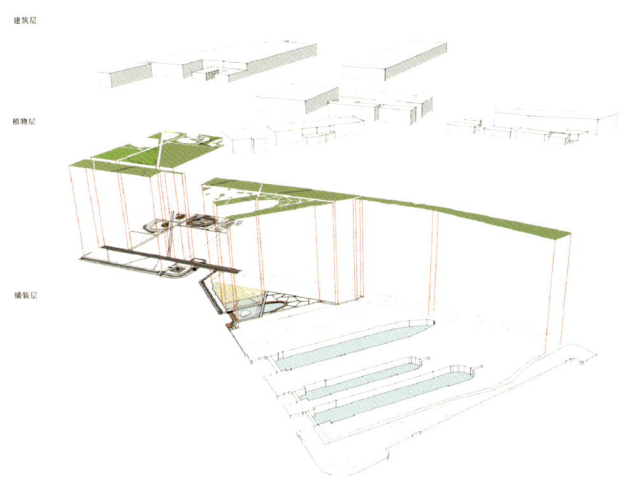

建筑层

植物层

铺装层

## 总平面

MASTER PLAN
SCALE 1:1000

1　滑板公园
2　篮球场
3　特色看台
4　林荫公园
5　微地形
6　开敞草地
7　商业休闲广场
8　时间记忆栈道
9　儿童活动场地
10　步行木栈道
11　长车场
12　休闲草坪
13　码头记忆雕塑
14　滨水观景台
15　滨水步行道
16　木质休憩台
17　滨水活动广场
18　林荫道
19　旱喷
20　滨水互动广场
21　木质休憩台
22　观景木栈道
23　田园花海
24　亲水木平台
25　绿化带

# 设计说明

勒阿弗尔1456年开始成为法国舰队探索世界的起点，有着悠久的航运历史。本方案用景观设计的方法对当地的码头进行改造，对原有的旧有元素进行再利用，在充分理解当地航运文化的前提下，打造独具当地美学特色和文化价值的港口景观。

在设计理念上，尊重港口城市已有的环境特征，在"已创造的基础上再创造"，将当地的材料、旧有元素，如：钢铁、船舶零件等用现代的景观手法加以改造，对具有工业雕塑感和考古价值的工业元素进行保留和再利用。同时用植物与工业元素的混合搭配，创造出新与旧、细腻与粗糙、柔和与坚硬的视觉效果，即体现对当地历史文脉的尊重和传承，又打造独具魅力的场所精神，引发人们情感上的共鸣。

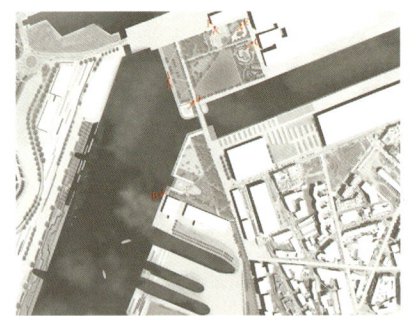 

A  滨水景观步道          D  码头记忆雕塑广场
B  滨水互动区            E  滑板公园
C  商业体闲广场          F  活力运动场

# 意向图片

现状照片

滑板公园效果图

滨水景观步道效果图

商业休闲广场效果图

码头记忆雕塑效果图

效果图
Design Sketch

滨水互动区效果图

霍奇峰

首钢石景山厂区工业遗址景观空间设计

## 设计
## 创作

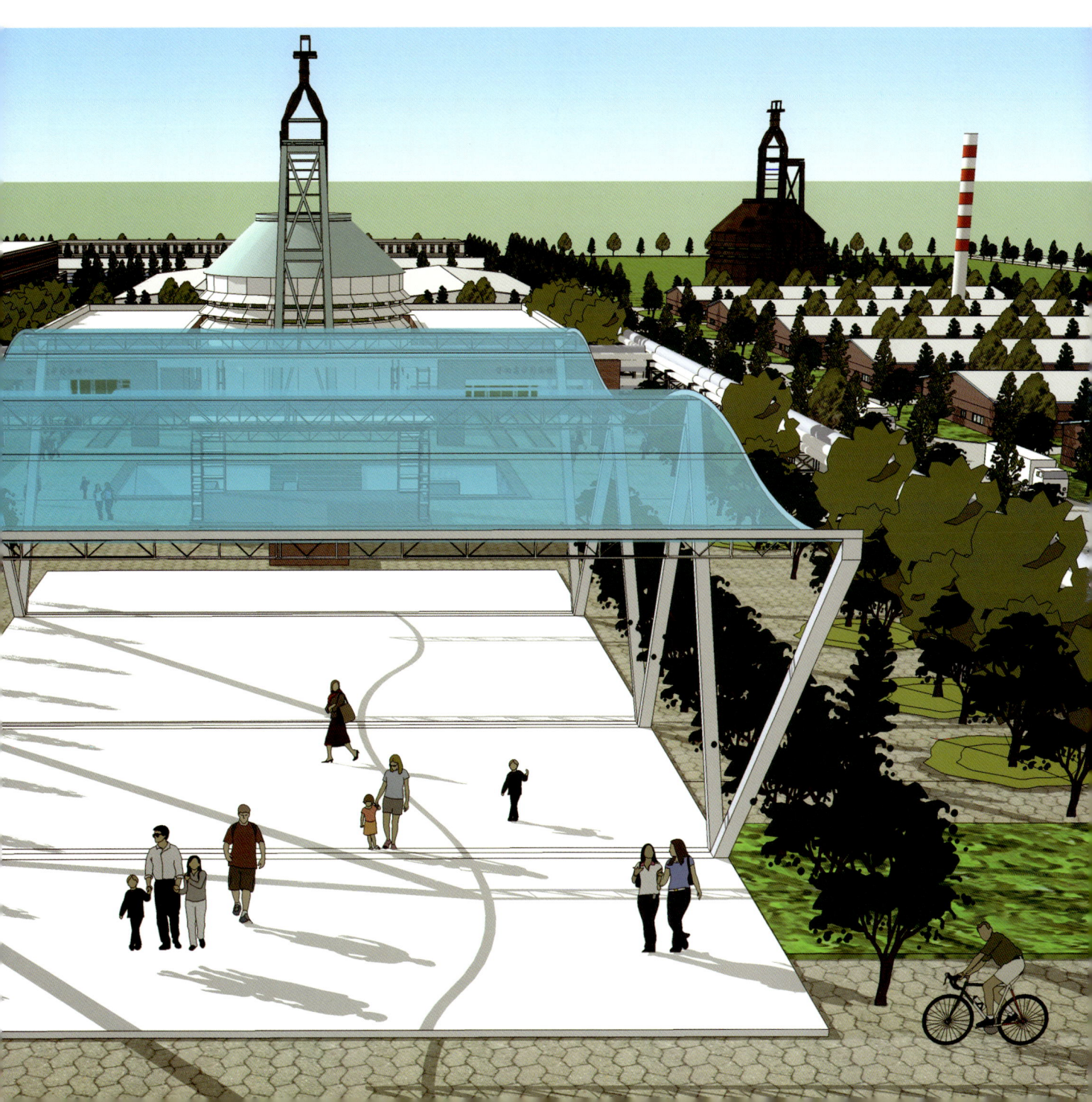

# 首钢石景山厂区工业遗址景观空间改造设计

## 设计说明

这次设计主要是针对首钢石景山厂区工业遗址的改造。本方案主要是由一号高炉博物馆、高炉博物馆前广场和第一烧结厂厂房改造三个部分组成。方案的设计理念也是毕业论文的观点及对有重要意义的工业遗址应该进行限定性的设计，提出"再循环"理论，与简单的修复不同，"再循环"是功能的变化，是将建筑内部或外环境植入新的功能，能够被重新使用，其整体外貌与结构基本得到保护。

在整个方案的规划中，最大程度地保留原有的景观状态，保留了原有的高炉、工业管道、铁路、列车、厂房等，这些特有的工业景观是不可再生的，新的功能空间的应用与原有的老工业景观是相互应有机结合，新的空间从风格到材料与厂区原有景观的风格和材料保持一致，保证厂区建筑风格的统一与完整，从而达到整体规划的统一功能使用的多远。

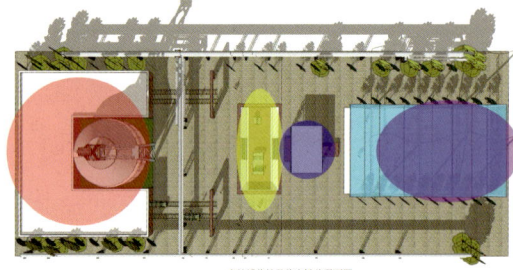

| | |
|---|---|
| 🟥 | 高炉博物馆 |
| 🟨 | 下沉活动空间 |
| 🟦 | 舞台 |
| 🟪 | 观景廊架 |

高炉博物馆及前广场总平面图

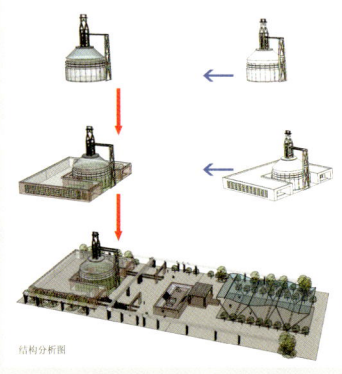

结构分析图

设计构思
Design Conception

# 首钢石景山厂区工业遗址景观空间改造设计

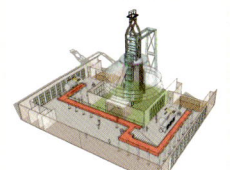
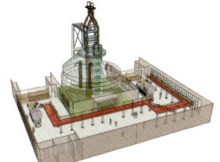

内容介绍：

此展板内容为一号高炉博物馆近景及出入口、广场下沉活动空间、广场舞台。高炉博物馆是由高炉本身和周边厂房的改建而成的。改建的厂房依然采用原有的材料和风格，广场上的各个景观也是采用原有的材料和风格，保持原有厂区的建筑风格。出入口是根据原有运输炼钢材料出入的铁轨原址上设计的，保留原有的铁轨和列车作为出入口的标致。下沉活动空间，它介于舞台和博物馆之间，作为一个作年轻人提供活动的空间而存在。

功能分区
Function Partition

# 首钢石景山厂区工业遗址景观空间改造设计

内容介绍：

此展板内容为高炉博物馆前广场舞台细节与观景雨篷。

舞台以巨大的1号高炉作为它的背景，舞台都是用原有的工厂内的钢架和建筑材料设计的。

观景雨篷，它是广场的主体景观，用钢架和阳光板设计而成，用于观看舞台表演、聚会、遮阳防雨等。

效果图
Design  Sketch

# 首钢石景山厂区工业遗址景观空间改造设计

内容介绍：

  此展板主要介绍一号高炉博物馆出入口的设计细节。出入口是根据原有运输炼钢材料出入的铁轨原址上设计的，保留原有的铁轨和列车作为出入口的标志，出入口的前方设计有一个简单的构筑物，上面标有博物馆出入口细节，这个构筑物作为出入口的一个延伸。

效果图
Design Sketch

申荣荣

黄河三角洲鸟类博物馆户外观鸟屋概念设计

**设计**
**创作**

## 结构图及材质分析
The structure and texture analysis

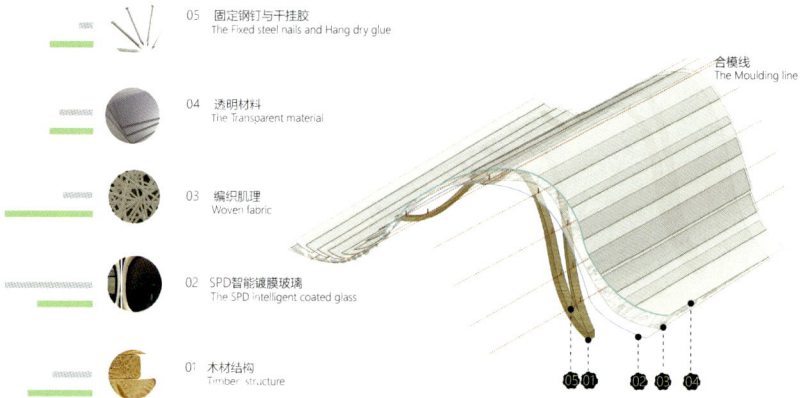

05　固定钢钉与干挂胶
The Fixed steel nails and Hang dry glue

04　透明材料
The Transparent material

03　编织肌理
Woven fabric

02　SPD智能镀膜玻璃
The SPD intelligent coated glass

01　木材结构
Timber structure

合模线
The Moulding line

## 剖面图
The Profile

设计构思
Design Conception

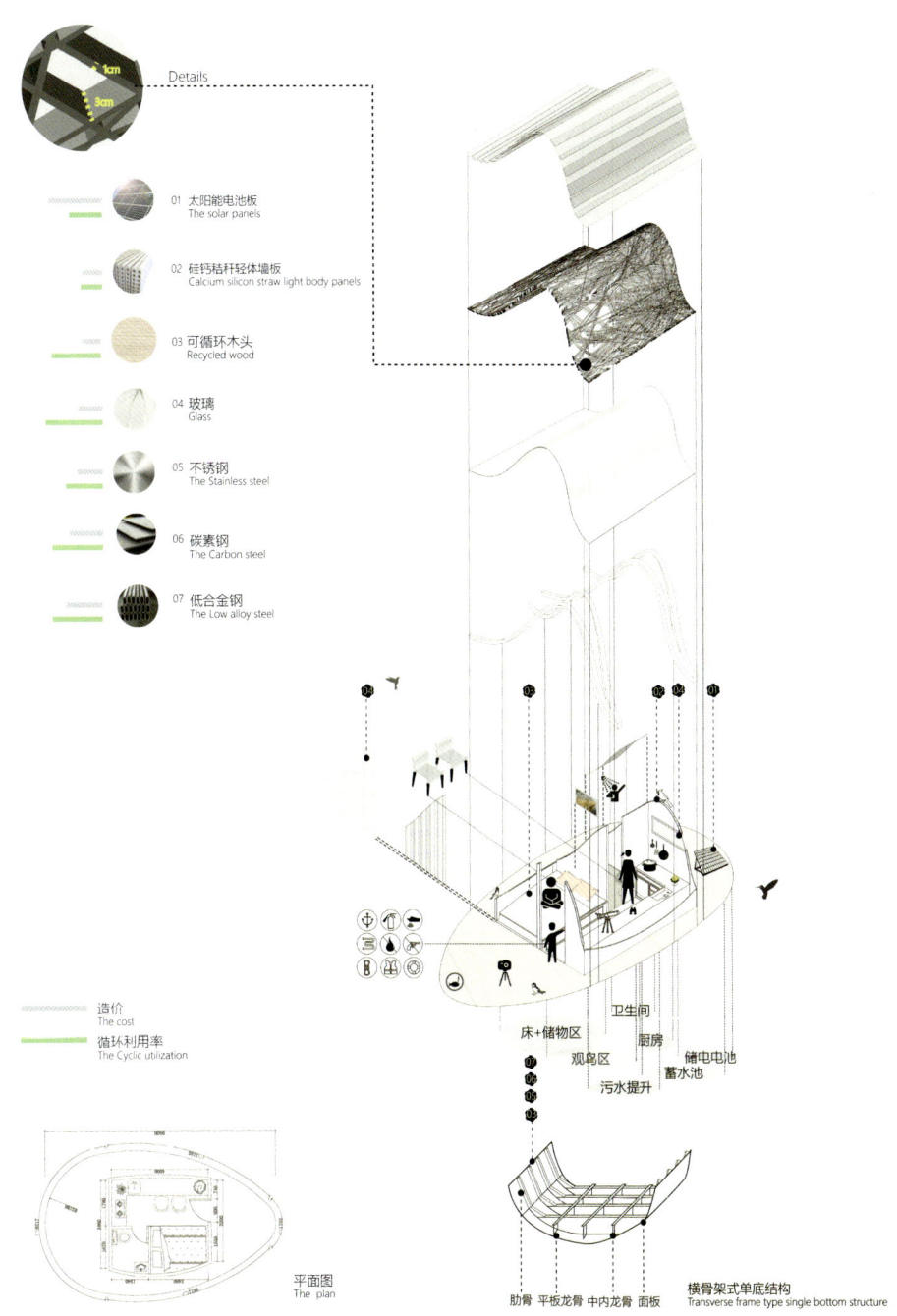

Details

1cm
3cm

01 太阳能电池板
The solar panels

02 硅钙秸秆轻体墙板
Calcium silicon straw light body panels

03 可循环木头
Recycled wood

04 玻璃
Glass

05 不锈钢
The Stainless steel

06 碳素钢
The Carbon steel

07 低合金钢
The Low alloy steel

造价
The cost

循环利用率
The Cyclic utilization

床+储物区
观鸟区
污水提升
卫生间
厨房
储电电池
蓄水池

平面图
The plan

横骨架式单底结构
Transverse frame type single bottom structure

肋骨 平板龙骨 中内龙骨 面板

设计构思
Design Conception

　　一种新的浪漫度假体验：家庭成员一起住在湿地的中央。这座不太长的移动房屋拥有无限可能，只需打开门就能尽情地享受大自然。在这个过程中去体验，增强个人对湿地更深的理解与保护。屹立于这水天一色，体会生命的渺小，更能感受自然的壮阔。不仅为人类同时也为环境提供可持续发展的能量，在人与自然中找到发展平衡点。欣赏，呵护自然，与自然和谐共处，日月星辰，昼夜交替，鸟的迁徙在建筑的不变中周而复始的发生。

设计构思
Design Conception

被动型节能设计
The Passive energy saving design

最小人居的安置方位
The Minimum living position

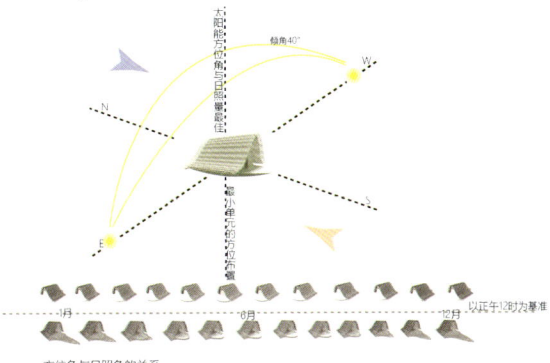

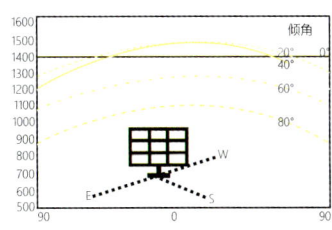

根据太阳方位角与太阳能板的最佳倾斜度,来确定太阳日照的最大值,满足日常能量的供给。

方位角与日照角的关系
The Azimuth Angle and Angle of sunlight

最小单元空间小气候
The smallest unit space microclimate

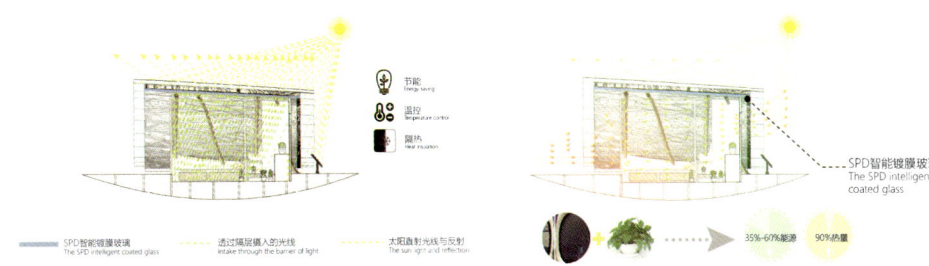

节能
energy saving

温控
Temperature control

隔热
Heat insulation

SPD智能镀膜玻璃
The SPD intelligent coated glass

SPD智能镀膜玻璃
The SPD intelligent coated glass

透过隔层摄入的光线
intake through the barrier of light

太阳直射光线与反射
The sun light and reflection

35%~60%能源    90%热量

当玻璃被调至完全变黑的状态时,根据英国剑桥大学的研究统计,它能降低90%以上的太阳能照射量,且不用任何电,在夏天烈日下,就可以使用这一功能,基本能阻隔热量,保持恒温。当然,到了冬天,需要阳光照射时,又可以把玻璃调至透明状态,让阳光照射进来。通过控制SPD智能玻璃窗在夏季减少热量进入室内以及在冬季允许日光进入室内,可以降低35%~60%的能源消耗。

最小单元水处理与使用量
The smallest unit of water treatment and usage

最小人居的电储存与使用量
The Minimum residential electricity storage and usage

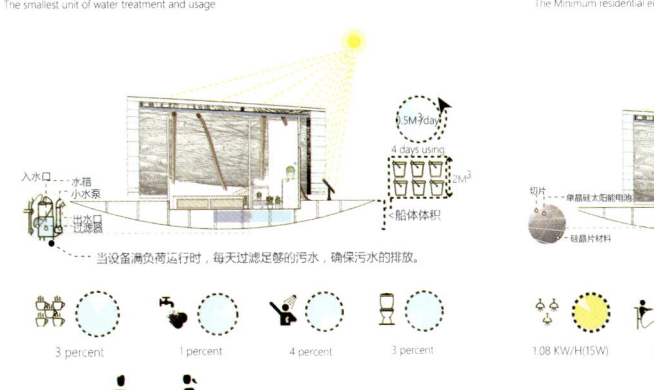

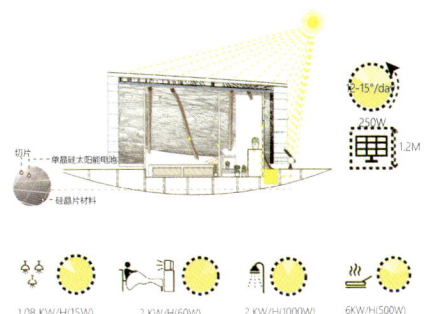

3 percent    1 percent    4 percent    3 percent

1.08 KW/H(15W)    2 KW/H(60W)    2 KW/H(1000W)    6KW/H(500W)

Day

夏新宇

扎龙湿地博物馆广场景观设计

## 设计
## 创作

扎龙湿地博物馆

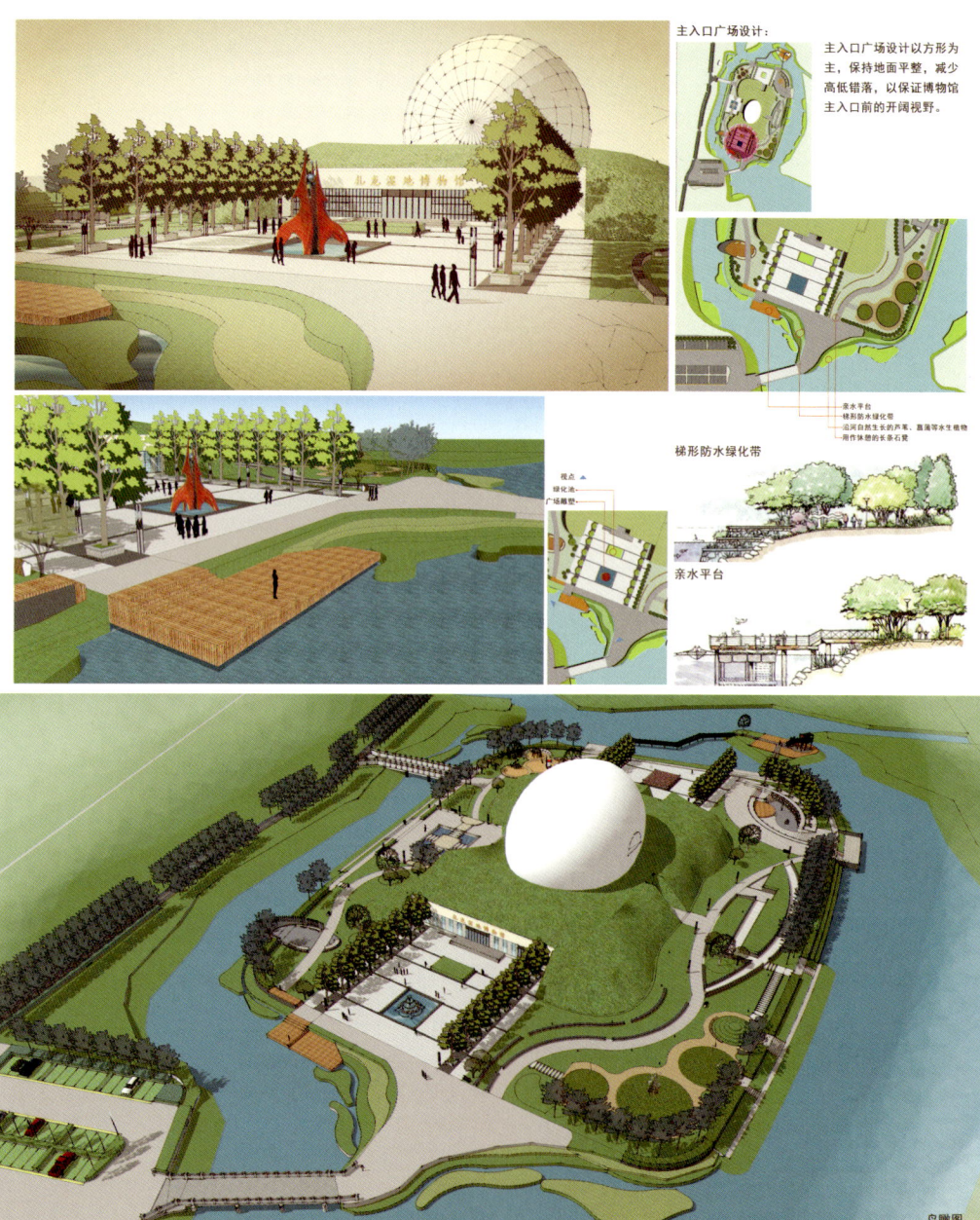

主入口广场设计：

主入口广场设计以方形为主，保持地面平整，减少高低错落，以保证博物馆主入口前的开阔视野。

亲水平台
梯形防水绿化带
沿河自然生长的芦苇、菖蒲等水生植物
用作休憩的长条石凳

梯形防水绿化带

亲水平台

视点
绿化池
广场雕塑

鸟瞰图

设计构思
Design Conception

设计理念

座椅

防腐木

片岩砌体

透视图

设计构思
Design Conception

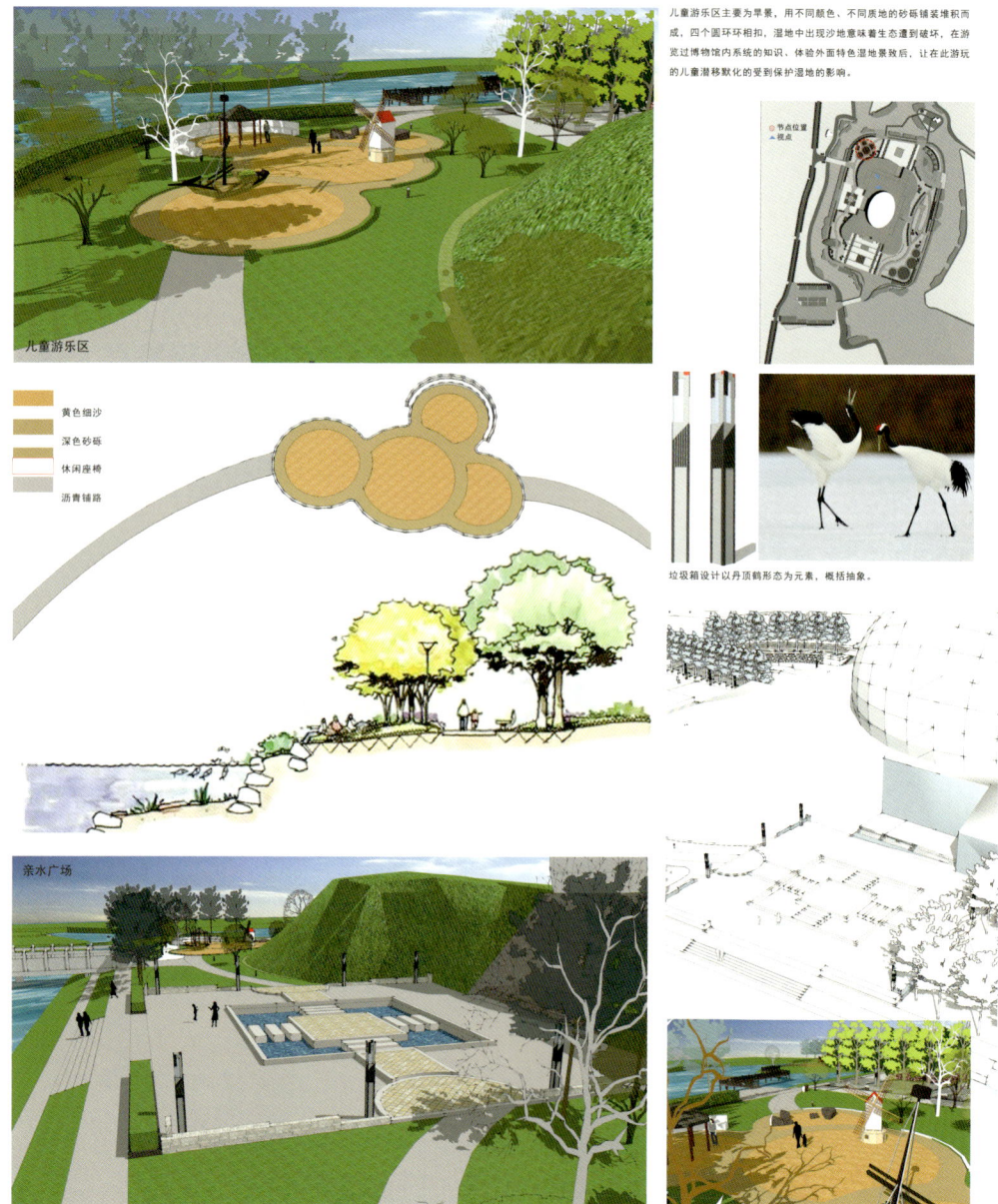

儿童游乐区主要为旱景，用不同颜色、不同质地的砂砾铺装堆积而成，四个圆环环相扣，湿地中出现沙地意味着生态遭到破坏，在游览过博物馆内系统的知识，体验外面特色湿地景致后，让在此游玩的儿童潜移默化的受到保护湿地的影响。

节点位置
视点

垃圾箱设计以丹顶鹤形态为元素，概括抽象。

儿童游乐区

黄色细沙
深色砂砾
休闲座椅
沥青铺路

亲水广场

设计构思
Design Conception

展示区效果图1

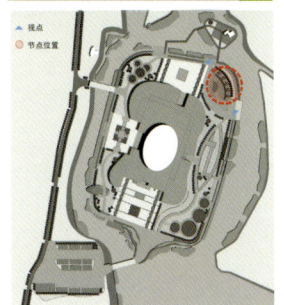

展示区效果图2

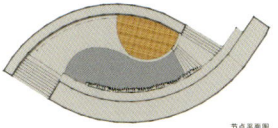

节点平面图

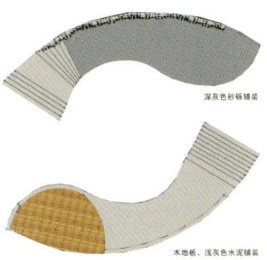

深灰色砂砾铺装

木地板、浅灰色水泥铺装

物种展示区：小地界，大世界。扎龙湿地拥有丰富的生物多样性，鱼类46种，鸟类约260种，兽类21种，昆虫类277种，隶属于11目65科。此外，区内具有高等植物468种，隶属于67科，草本植物占绝大多数。物种展示区借墙体上大小不一的块体向参观者展示扎龙的生态天地。

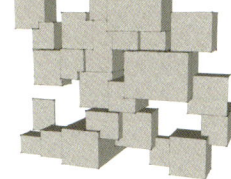

展示墙

功能分区
Function Partition

**02**

学术
交流

城市・创意・实践

URBAN CREATIVITY AND PRACTICE

学院书记为北京大学翁剑青
教授颁发受聘证书

学院书记为清华大学宋立民
教授颁发受聘证书

研究生毕业

师生与英国 ImagemaKers 创意
总监 David 和 Matthew 设计实
践研讨交流

研究生与英国色彩
专家 David Masters 专
题讨论会

《装饰》杂志主编
清华大学方晓风教授
为研究生授课

研究生与英国博物馆设计专家 Jane
Sillifant 方案讨论

研究生
校外创新实践基地

研究生参加
环境设计系学术活动

研究生毕业

研究生参加
中英设计方案研讨会

研究生参加遗址
保护中英学术研讨会

研究生导师与美国
院校教授专业交流

研究生赴印度参加
AIESEC 乡村城市建设项目

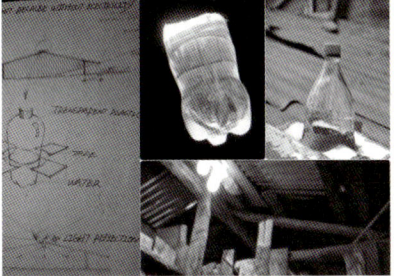

研究生参加
中英城市设计专题研讨会

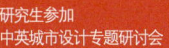

研究生参加中英设计
实践研讨会

**03**

项目
实践

城市·创意·实践

URBAN CREATIVITY AND PRACTICE

北京平谷科学馆
雕塑创意

扎龙湿地博物馆
施工现场

首钢石景山厂区
项目现场

长沙洋湖湿地博物馆
施工现场

黄河三角洲
鸟类博物馆施工现场

张掖城市湿地
博物馆施工现场

# 雕塑

—— 黄河三角洲鸟类
博物馆户外
公共艺术设计

**图书在版编目（CIP）数据**

城市·创意·实践 /张彪主编.—北京：中国建筑工业出版社，2016.12
ISBN 978-7-112-20107-5

Ⅰ.①城… Ⅱ.①张… Ⅲ.①城市规划 Ⅳ.①TU984

中国版本图书馆CIP数据核字（2016）第278120号

　　本书从几个不同的板块，选择世界城市中具有创造性、创意性的城市设计、公共设计等，从不同的视角进行分解、剖析，提取其设计特征、形成特点和趣味性等信息，图书内容含现代、后现代等创作，其中包括城市规划、工业厂区、城市视觉形象等。本书读者对象为环境设计专业及相关专业师生及从业者、爱好者。

责任编辑：张　华
书籍设计：刘俊佑
责任校对：陈晶晶　焦　乐

城市·创意·实践
张彪　主编
＊
中国建筑工业出版社出版、发行（北京海淀三里河路9号）
各地新华书店、建筑书店经销
北京顺诚彩色印刷有限公司印制
＊
开本：889×1194 毫米　1/20　印张：12　字数：300千字
2017年4月第一版　　2017年4月第一次印刷
定价：68.00元
ISBN 978-7-112-20107-5
　　　（29587）